"通古察今"系列丛书

郑樵学术接受史之分析
——从南宋到民初

向燕南 著

河南人民出版社

图书在版编目(CIP)数据

郑樵学术接受史之分析：从南宋到民初 / 向燕南著．—郑州：河南人民出版社，2019.12(2025.3重印)
("通古察今"系列丛书)
ISBN 978-7-215-12017-4

Ⅰ．①郑… Ⅱ．①向… Ⅲ．①郑樵(1104-1162)-接受美学-研究 Ⅳ．①B83-069

中国版本图书馆CIP数据核字(2019)第270859号

河南人民出版社 出版发行

(地址:郑州市郑东新区祥盛街27号 邮政编码:450016 电话:0371-65788077)
新华书店经销　　环球东方(北京)印务有限公司印刷
开本　787mm×1092mm　　1/32　　印张　4.125
字数　57千
2019年12月第1版　　　　　　2025年3月第2次印刷

定价：48.00元

"通古察今"系列丛书编辑委员会

顾　问　刘家和　瞿林东　郑师渠　晁福林
主　任　杨共乐
副主任　李　帆
委　员　(按姓氏拼音排序)
　　　　安　然　陈　涛　董立河　杜水生　郭家宏
　　　　侯树栋　黄国辉　姜海军　李　渊　刘林海
　　　　罗新慧　毛瑞方　宁　欣　庞冠群　吴　琼
　　　　张　皓　张建华　张　升　张　越　赵　贞
　　　　郑　林　周文玖

序　言

在北京师范大学的百余年发展历程中，历史学科始终占有重要地位。经过几代人的不懈努力，今天的北京师范大学历史学院业已成为史学研究的重要基地，是国家首批博士学位一级学科授予权单位，拥有国家重点学科、博士后流动站、教育部人文社会科学重点研究基地等一系列学术平台，综合实力居全国高校历史学科前列。目前被列入国家一流大学一流学科建设行列，正在向世界一流学科迈进。在教学方面，历史学院的课程改革、教材编纂、教书育人，都取得了显著的成绩，曾荣获国家教学改革成果一等奖。在科学研究方面，同样取得了令人瞩目的成就，在出版了由白寿彝教授任总主编、被学术界誉为"20世纪中国史学的压轴之作"的多卷本《中国通史》后，一批底蕴深厚、质量高超的学术论著相继问世，如八卷本《中国文化发展史》、二十卷本"中国古代社会和政治研究丛书"、三卷本《清代理学史》、五卷本《历史文化认同与中国统一多民族国家》、二十三卷本《陈垣全集》、以及《历史视野下的中华民族精神》《中西古代历史、史学与理论比较研究》《上博简〈诗论〉研究》等,这些著作皆声誉卓著,在学界产生较大影响,得到同行普遍好评。

除上述著作外,历史学院的教师们潜心学术,以探索精神攻关,又陆续取得了众多具有原创性的成果,在历史学各分支学科的研究上连创佳绩,始终处在学科前沿。为了集中展示历史学院的这些探索性成果,我们组织编写了这套"通古察今"系列丛书。丛书所收著作多以问题为导向,集中解决古今中外历史上值得关注的重要学术问题,篇幅虽小,然问题意识明显,学术视野尤为开阔。希冀它的出版,在促进北京师范大学历史学科更好发展的同时,为学术界乃至全社会贡献一批真正立得住的学术佳作。

当然,作为探索性的系列丛书,不成熟乃至疏漏之处在所难免,还望学界同人不吝赐教。

北京师范大学历史学院
北京师范大学史学理论与史学史研究中心
北京师范大学"通古察今"系列丛书编辑委员会
2019 年 1 月

目 录

绪论：概念的说明与问题的提出 \ 1

第一章 生前与身后：南宋至元代的郑樵接受史 \ 8
    一、寒士郑樵的生平与学术 \ 9
    二、生前与身后：南宋郑樵学术接受史 \ 18
    三、《通志》的刊行与元代郑樵学术接受史 \ 33

第二章 明清学术思潮与对郑樵的接受 \ 45
    一、从表彰乡贤到鼓吹实学：明代接受郑樵基本进路 \ 45
    二、汉宋门户与清代学者对郑樵的接受 \ 59
    三、清廷建构的郑樵形象与地方视域中的郑樵 \ 75

第三章 20世纪前期新史学郑樵接受史之分析 \ 83
    一、20世纪前期郑樵接受史 \ 84

二、民族主义、西方在场与20世纪前期对郑樵的接受\97

三、"科学"与20世纪初对郑樵史学的接受\107

主要参考文献\121

绪论：概念的说明与问题的提出

这里所谓的"接受学"，或称"接受美学"，是20世纪60年代末、70年代初，在联邦德国出现的美学思潮，最初是由当时的联邦德国的文学史专家、文学美学家H.R.姚斯和W.伊泽尔提出的文学史和文艺理论解释的概念和范式。接受理论的特点，是反对文学研究中一直占主导的历史客观主义，认为文学作品中，并没有什么客观的永恒不变的涵义或意义，认为文学史的研究，实际是一种随着认识的增长而不断变化的对于经验的研究。对于文学作品的理解和解读，必然要受到历史条件的制约。

接受美学的哲学基础和方法论，主要来自于德国哲学家伽达默尔（Hans-Georg Gadamer, 1900—2002）的解释哲学。而伽达默尔的解释哲学，则可追溯到德国的狄尔泰（W. Dilthey，1833—1911）、海德格尔（M. Heidegger 1889—1976）等几个德国哲学家的相关理论。在接受美学的理论中，伽达默尔用以阐述解释哲学的一些核心概念，诸如"前理解""循环解释""效果（应）历史""视域融合"等概念，也是接受美学的主要概念。除解释哲学外，接受美学还受到传播学理论的一些启发。可以说，接受美学是以解释哲学为理论基础，以人的接受活动为中心，将作者、作品、读者等因素，看作生产者、产品、消费者，进而将之共同置放于交互交往的动态关系中予以考察的理论体系。

接受美学的核心理论，是将文学文本和文学作品视为两个性质不同的概念。其中文学文本或简译称"文本"，是指未同读者发生关系之前的作品本身。也就是说，所谓的"文本"所呈现的，是处于一种自在的或本然的状态。至于文学作品或译作"本文"，则是杂入了阅读者的经验，并与读者构成对象性关系的东西。接受美学认为，此时的文本，已不再是孤立的存在，而是融汇了读者，也就是审美主体的经验、情感和艺术趣味的文本作品。因而接受美学强调"本文的历史本质",认为文学作品具有向着时间向度敞开的历史性:"本文存在于文学视野中,存在于时间系列中视野的不断交替演化中,根本没有独立、绝对的本文,本文不过是文学效应史中永无止境的显现","是作品与读者相互作用生成的"动态产物[1]。因而认为,文学史的书写者,"只有当作品的延续不再从生产主体思考,而从消费主体方面思考,即从作者与公共相联系的方面思考时,才能写出一部文学和艺术的历史"[2]。这一点,在接受美学者那里的解释是,"艺术作品的历史本质不仅在于它再现或表现的功能,而且在于它的影响之中"。这是因为,一方面,"必须把作品与作品的关系放进作品与人的相互作用之中,把作品自身中含有的历史连续性放在生产与接受的相互关系中来看。换言之,只有当作品的连续性不仅通过生产主体,而且通过消费主体,即通过作者与读者之间的相互作用

---

[1] 〔德〕H.R.姚斯、〔美〕R.C.霍拉德著,周宁、金元浦译:《接受美学与接受理论》卷首《译者前言》,沈阳:辽宁人民出版社,1987年,第1—2页。

[2] 〔德〕H.R.姚斯、〔美〕R.C.霍拉德著,周宁、金元浦译:《接受美学与接受理论》,沈阳:辽宁人民出版社,1987年,第339页。

来调节时,文学艺术才能获得具有过程特征的历史"。[1]另一方面,"假如'人类现实不仅是新事物的产生,而且也是一种对于过去(批判的、辩证的)再生产的生产',只有将其独立出来,我们才能观察到艺术在这一不间断的总体化的过程中的功能"[2]。于是在对文学作品的理解和解释中,历史的因素便获得了空前的强调,于是作品的意义也在时间的流转过程中,根据新现实语境的参照系而不断接纳新的理解和解释并获得新的意义。

应该说,接受美学反对孤立、片面、机械地研究文学艺术,反对结构主义化的唯本文趋向,强调文学作品的社会效果,重视读者对于意义理解的积极接受和参与,从社会意识交往的角度考察文学的创作和接受,指出文学作品的美学实践,应包括文学的生产、文学的流通、文学的接受三个方面。认为文本的意义,是读者在具体的阅读中不断生成的。作为文本接受者

---

[1] 〔德〕H.R. 姚斯、〔美〕R. C. 霍拉德著,周宁、金元浦译:《接受美学与接受理论》,沈阳:辽宁人民出版社,1987年,第19页。

[2] 〔德〕H.R. 姚斯、〔美〕R. C. 霍拉德著,周宁、金元浦译:《接受美学与接受理论》,沈阳:辽宁人民出版社,1987年,第19页。

的阅读者,其意识取向,对于文本意义的确立,起着不容忽略的作用。读者阅读时,阅读者的社会情境,在构成其阅读期待的同时,也构成了他对文本理解的"前理解",形成历史文本与现实认知之间的张力,进而影响到他对文本的意义阐释与价值评判,等等。这些理论的积极价值,是把文学史从实证主义的死胡同中引起来,把审美经验放在历史-社会的条件下去考察。当然,与此同时,我们也注意到,接受美学因夸大读者对文本意义生成的决定性作用,从而否认作品的客观性的致命弱点。然而,不管如何,接受学或接受美学的提出,毕竟为我们历史地理解文本开拓了一个新的视角,开掘了我们认识和理解文本的新层次。

接受美学的概念与方法提出后,迅速在文艺理论界产生巨大的影响,并被广泛应用于文学批评和文学史的研究之中,早已积累了相当丰硕的研究成果。然而这一理论在同样是与作品文本研究有密切关系的史学研究领域,响应者却是寥寥。那么,史学史,确切说史学批评史中,是否也存在所谓接受的问题呢?于是我们想到郑樵。

言及中国古典时代的史学史,郑樵是一个无论如何也绕不过去的大史学家。作为一个史学家，郑樵的重要性，集中体现在他以毕生心血撰述的《通志》。正是这部多达200卷的纪传体通史，以及以这部纪传体为重心，或开拓，或深化的多种学科，在引起其生活的时代，以及其后世的瞩目，奠定他在中国史学史、学术史上的重要地位的同时，也引起了众多的学术争议。自南宋至清，是是非非，顶礼膜拜者有之，褒贬参半者有之，痛加诋毁者亦有之，有关争议一直从南宋延演到20世纪。白寿彝先生就曾在其《史学遗产六讲》第一讲的"要百家争鸣"部分中，讲到"对现已逝世八百周年的史学家郑樵的评价就一直是一个有争论的问题"。并且例举了《宋史·儒林传》以及马端临、章学诚、梁启超、顾颉刚等人的评议观点。这些不同观点，也正是郑樵后世的不同读者，依据各自不同的情景，对于郑樵及其学术的不同接受。本书即尝试从作品文本被接受的角度，对宋代的大学者、大史学家郑樵，从南宋到20世纪前期，这近千年以来的接受史，作出一些相关的分析。也就是转换我们认识的空间立场，将视线，从对文本自身意义的探求转向读者，以郑樵的代表作《通志》为中心，分析郑樵学术在《通志》出版后,从南宋一直到20世纪的民国初年,漫长的被接受的历史过程中,他的学术形象和精神,是怎样为当代及后来的学人,以不同的立场和学术思想对其接受和诠释的问题。

第一章　生前与身后：南宋至元代的郑樵接受史

思想学术史的叙述,近来常被人戏称为"点鬼簿"。而这"点鬼簿"的名单,也被认为是不固定的——历史上的学人能否置身其中、所在簿中的位置何如,皆由思想学术史的书写者,或后来的文本接受者所决定。但是,对于南宋史家郑樵来说,在这"点鬼簿"中的位置,虽有些高低起伏的变动,但是任何思想学术史的书写者,又都不能无视他的存在。历史地看,郑樵能以一介寒士跻身中国学术殿堂,置身于学术史大师的谱系之中,两宋以来的社会变化,在为文化的普遍繁荣提供肥沃土壤,给郑樵及其学术的出现提供可能的同时,也为读者对郑樵的接受,形成了难以摒除的前理解。

第一章 生前与身后：南宋至元代的郑樵接受史

一、寒士郑樵的生平与学术

提及郑樵的生平与学术，就不能不涉及郑樵学术现象得以出现的社会文化。

两宋文化无疑是中国文化发展的一个高峰。对此，前贤多有评述。如王国维即认为："天水一朝，人智之活动与文化之多方面，前之汉唐，后之元明，皆所不逮也。"[1]陈寅恪说："华夏民族之文化，历数千年之演进，造极于赵宋之世。"[2]而一些日本学者，如宫崎市定等，则更是将宋代视为"东洋的文艺复兴"，并认为这个东洋的文艺复兴具体表现在文化和学术三大运动，即新禅宗的盛行（宗教的）；新文学运动（即古文运动，文学的，同时艺术也发生变化）；新经学运动（重

---

[1] 王国维：《宋代之金石学》，《王国维遗书》第五册《静安文集续编》，上海：上海书店，1983年。
[2] 陈寅恪：《金明馆丛稿二编》，《邓广铭宋史职官志考证序》，上海：上海古籍出版社，1980年。

视义理的阐释,疑经运动等)[1]。

文化繁荣的基础是社会。言及宋代的社会特点,无论是宋代之人还是后世之人,都意识到,作为中古社会转捩的枢轴,宋代社会发生的一个显著变化,是门第社会已向平民社会转化,以及与之相应的知识阶层的扩大。例如郑樵在其《通志·氏族略》中的《氏族序》中即指出:"自隋唐而上,官有簿状,家有谱系,官之选举必由于簿状,家之婚姻必由于谱系……自五季以来,取士不问家世,婚姻不问阀阅。"当代的钱穆亦强调说:"论中国古今社会之变,最要在宋代。宋以前……皆属门第社会……宋以下,始是纯粹平民社会……故就宋代而言之,政治经济、社会人生,较之前代莫不有变。"[2]

宋代社会的这一变化,对于宋代文化的发展影响巨大,至于对郑樵这样一位无禄无位的寒士学者来说,其影响更是直接而深刻。甚至可以说,没有宋代社会

---

[1] 〔日〕宫崎市定著,中国科学院历史研究所翻译组编译:《宫崎市定论文选集》之《东洋的文艺复兴与西洋的文艺复兴》,北京:商务印书馆,1965年,第34—68页。

[2] 钱穆:《理学与艺术》,《宋史研究集》第七辑,台北:台湾书局,1974年,第2页。

第一章 生前与身后：南宋至元代的郑樵接受史

的这些变化，也就不会有郑樵现象的出现。而且，宋代社会普遍的崇智主义倾向，以及文化和学术中出现新文学、新经学运动，在形成郑樵学术语境的同时，更构成了郑樵学术思想的前理解。事实上，郑樵的学术主张和研究取向，也是与北宋中期以来的文化和学术运动的方向一致的。

郑樵，字渔仲，宋兴化军莆田（今属福建）人，生于宋徽宗崇宁三年（1104），卒于南宋高宗绍兴三十二年（1162）。因曾在家乡的夹漈山筑茅屋读书、研学、著述，故号"夹漈"，人称"夹漈先生"。郑樵出身书香门第，其先世属于晋代中原南迁的望族，名气最著的是唐朝五官中郎将郑庄，但郑樵家族五服内的最风光的亲人，除了他的祖父郑宰，曾中熙宁三年（1070）进士外，几无显宦之人。郑樵的父亲郑国器，不过是个政和年间的太学生，并没有在朝廷或地方担任过官职。当然，这样的家庭对于郑樵一生治学、著述的影响还是很明显的，因为所出生的毕竟还是个读书人家，所以郑樵很小就立下了要读尽古今书，要精通"六经"和诸子百家学术的宏伟志向。

从祖辈到父辈，郑樵的家道显然是在向下坡衰落。

更不幸的是，在徽宗宣和元年（1119），也就是郑樵十六岁那年，郑樵父亲猝死在由京师太学返乡途中的姑苏城。尚未及冠的郑樵，也不得不中断研学，远赴他乡，护丧归葬。对于郑樵来说，失怙之痛的直接感受，除了对亲情的思恋，还有父亲死后家中的经济压力。自此以后，郑樵一直过着清贫生活，在他给友人写信或上书给一些朝臣之时，也总是自称"天地间一穷民"。然而对于志向高远的郑樵来说，困顿的生活反而更激励了他钻研学术的热情。郑樵看到他的堂兄郑厚，曾在夹漈山麓筑有"溪东草堂"，为了能够心无旁骛地学习、钻研，郑樵也"复筑草堂于夹漈山，屏迹谢事，专以讨论著述为业"。一边师事号称"溪东先生"的堂兄郑厚，一边与之往来切磋学问。"昼理简编，夜观星宿，不知饥渴寒暑。莆中故家多书者，披览殆遍，犹以为未足，周游所至，遇有藏书之家，必留，读尽乃去。"

对于这时的生活，郑樵曾在《与景韦兄投宇文枢密书》形容说：

……家贫无文籍，闻人家有书，直造其门求

第一章 生前与身后：南宋至元代的郑樵接受史

读，不问其容否，读已则罢，去住曾不吝情，寒月一窗，残灯一席，讽诵达旦，而喉不罢劳；才不读，便觉舌本倔强。或掩卷推灯就席，杜目而坐。耳不属，口不诵，而心通，人或呼之再三而莫觉。春风二三月间，弟兄二人，手挈饭囊酒瓮，贸贸深山中，遇奇泉怪石、茂林修竹，凡可以可人意向者，即释然坐卧。一觞一咏，累月忘归；山林荟蓊，禽鸟不知人来，争食，挥之不退。牧子樵夫，泽薮相归，呼而不就坐，即疑为神仙怪物，不问姓名，睥睨而去。或采松食橡，浇花种药，随渔狎猎，悠游山谷间，自得名教中乐地。故夏不葛亦凉，冬不袍亦温，肠不饭亦饱。头发经月不栉，面目衣裳垢腻相重不洗，而贞粹之地油然礼义充足。弟兄亲戚，乡党僚友，谓为痴、为愚、为妄，不相辈行也。而土木形质，又好冲介自守，不广交游以求闻达，用是见斥于世，弥旷宇宙，若无所容焉。[1]

---

[1] 〔宋〕郑樵：《夹漈遗稿》卷3《与景韦兄投宇文枢密书》。转引自吴怀祺《郑樵研究》所附，第170页。吴怀祺：《郑樵研究》，厦门：厦门大学出版社，2010年。以下提到《郑樵研究》皆为此版本。

郑樵学术接受史之分析

生活虽然清贫,郑樵并没有因此去参加科考博取一官半职,而是坚持"欲读古今之书,欲通百家之学,欲讨六艺之文而为羽翼"的理想[1],一边授徒讲学,一边研学著述。有人对他不愿参加科举考试感到不可理解,当面请教他,他回答说:"某以读书之癖稍重,其他未能违所重而就所轻耳。无高明亦无愚暗,无矫激亦无凝畏,有饭有书,余何慕焉。精力颇强,且可读书。稍倦,则著述,敷演以成文。及衰老,不能著述,则随所安。愿仕进则仕进,以设施平生之蕴,自无不可。若不愿,则毕志亦无不可。不就乡举,在某最是寻常事。彼何负而与诸生竞文章,彼何嫌而欲得一官职!"

虽然生活在这样的深山野林之中,以讲学著书为乐,但郑樵并没有忘怀世事。靖康二年(1127),金兵南侵,攻陷京城,二帝被俘,史称"靖康之变"。莆田虽远在数千里之外,也感受到震动。郑樵忧时伤事,多次怀拳拳之心上书枢密宇文虚中,请缨抗金,报效国家。但在昏君奸相当道的年代,连岳飞这样的忠臣

---

[1] 〔宋〕郑樵:《夹漈遗稿》卷2《献皇帝书》。转引自吴怀祺《郑樵研究》所附,第158页。

第一章 生前与身后:南宋至元代的郑樵接受史

良将尚且饮恨风波亭,郑樵的一腔热血只能是"有心报国,无路酬君"。绍兴五年(1135),堂兄郑厚因再举礼部奏赋第一,受命到外地做官去了。此后,"形单影只"的郑樵依旧在夹漈深山,于"困穷之极""厨无烟火"的情况下,"风晨雪夜,执笔不休"。把自己的忧国情思,寄托在著述之中。

"忽忽三十年,不与人间流通事"[1],天道酬勤,时光亦不负有心之人,三十余年的研学著述,郑樵完成了丰硕的著述。有学者考证,郑樵所著书籍多达八十余种一千余卷。据郑樵在《献皇帝书》中自述:

> 念臣困穷之极,而寸阴未尝虚度。风晨雪夜,纸笔不休,厨无烟火,而诵记不绝。积日积月,一篑不亏。十年为经旨之学,以其所得者,作《书考》,作《书辨讹》,作《诗传》,作《诗辨妄》,作《春秋传》,作《春秋考》,作《诸经略》,作《刊谬正俗跋》。三年为礼乐之学,……三年为文字之学,……五六年为天文、地理之学,为虫鱼草木

---
[1]〔宋〕郑樵:《夹漈遗稿》卷2《献皇帝书》。转引自吴怀祺《郑樵研究》所附,第158页。

之学，为方书之学。……八九年为讨论之学，为图谱之学，为亡书之学。……此皆已成之书也。其未成之书，在礼乐，则有《器服图》。在文字则有《字书》，有《音韵读》之书。在天文，则有《天文志》。在地理，则有《郡县迁革志》。在虫鱼草木，则有《动植志》。在图谱，则有《氏族志》。在亡书，则有《亡书备载》。二三年间可以就绪。如词章之文，论说之集，虽多，不得而与焉。[1]

可惜这些著述大部分已经亡佚，现能看到的惟有《夹漈遗稿》《尔雅注》《诗辨妄》和通史巨著《通志》几种。其中纪传体通史《通志》，是郑樵的代表作，也是他完整无缺地留传到今天的著述。但是仅此一部纪传体的史学巨著，就足于确立郑樵在我国史学史上的不朽地位。

《通志》是总辑之史，是他毕生学问的汇集，是继司马迁之后，又一部有影响的纪传体通史。全书分纪、传、谱、略四大部分，其中帝后纪传20卷，年谱4

---

[1] 〔宋〕郑樵：《夹漈遗稿》卷2《献皇帝书》。转引自吴怀祺《郑樵研究》所附，第158—159页。

第一章　生前与身后：南宋至元代的郑樵接受史

卷，二十略52卷，列传124卷，总计200卷。纪、传、谱起于上古，迄于隋代，系抄录自汉以来诸家旧史，并加删改而成。略分为二十略，是全书的精华，记述了上古至唐各代典章制度的沿革变化，特别写出了文化发展的情况，是一部堪称百科全书式的伟大著述。郑樵对他的二十略也很自负，自称："今总天下之大学术，而条其纲目，名之曰略。凡二十略，百代之宪章，学者之能事，尽于此矣。其五略，汉唐诸儒所得而闻，其十五略，汉唐诸儒所不得而闻也。"[1] 也就是说，二十略当中，有五个略是他在前人论说基础上的进一步发挥，另外十五略，则是他自己发凡起例，独立创作出来的。所以二十略是郑樵最得意也是《通志》最重要的部分，是他治学的精粹和学术的总汇。所以《四库全书总目》的作者，在批评之余，最后仍不得不称："南北宋间，记诵之富，考证之勤，实未有过于（郑）樵者。"[2] 对于郑樵来说，这赞誉亦可谓实至名归。

---

[1] 〔宋〕郑樵：《通志略》卷首《总序》，上海：上海古籍出版社影印世界书局排印本，1990年，第3页。
[2] 〔清〕《四库全书总目》卷159《夹漈遗稿》提要，北京：中华书局，1965年，第1366页。

二、生前与身后：南宋郑樵学术接受史

还在世的时候，郑樵就以博学和善著述而名满天下了。这情况，当然与郑樵对于自己学术的推介不无关系。没有这些社会交游活动，郑樵的学术可能真的就埋没无闻了。

郑樵一生，虽筑屋夹漈山读书著述，但他并非不与世事、不事社会交游，当然他更不甘心自己呕心沥血的著述毫无影响，于是当他研学著述有所成就后，便与堂兄郑厚往来朝野内外，或讲学，或交游，或求职，同时不断把自己的著述献与朝臣及朝廷，希望引起世人的注意，既为报国救世，也为自己的著述不被埋没。为此，郑樵与他的堂兄郑厚，不断地给当时的名流、朝臣写信自荐。至今在《夹漈遗稿》中仍能看到《与景韦兄投宇文枢密书》《又与景韦兄投宇文枢密书》《与景韦兄投江给事书》《寄方礼部书》《上宰相书》等书信。在这些自荐信中，郑樵、郑厚声情并茂，一展平生才学和吐露胸中抱负的恳切，跃然纸上。

两宋是中国历史上右文最突出的时代，整个时代

第一章 生前与身后：南宋至元代的郑樵接受中

充满了对学术文化的尊敬。此时的郑樵虽还是一介白衣寒士，但这样的时代氛围，还是为接受他的学术提供了大批的预期读者。正是这些向当世名流和朝臣介绍自己学术活动的信函，提高了郑樵、郑厚兄弟在朝野的知名度，他们的学问，也受到了国史院编修官、后官至资政殿大学士的宇文虚中（1079—1146），和曾知福州、后官至给事中的江常（？—1138）等朝中名臣的注意。"一时名人，若李纲、赵鼎、张浚皆器重之。"[1] 史称此时的郑樵，是"处布衣，名闻天下，丞相李忠定公、赵忠简公、张忠献公、参政刘忠肃公，皆中兴贤辅，或未识而降势相求"[2]。当然，郑樵给这些名官显宦写信，除了"学术公关"外，一方面还有求朝庭免他私修史书的罪名，并希望能得到官府的一些经济和图书的资助。而从接受史的角度看，这些亦未尝不可看作郑樵学术接受史的开始。

凭借与这些朝廷名宦的交往和这些名宦推荐，郑樵把推介自己学术的"公关"，做到了中央朝廷，先后多次献书于朝廷。在这些献书活动中，对郑樵接受

---

[1]《莆田县志》，转引自吴怀祺《郑樵研究》所附《郑樵年谱》，第225页。
[2] 转引自吴怀祺《郑樵研究》所附《福建兴化县志》，第199页。

史中影响较大的,一次是在绍兴十九年(1149)到临安,当时,距离郑樵十六岁结茅庐于夹漈山,一晃已经过去了三十年。这次的结果是他的著作被诏藏秘府,但时值"(秦)桧乞禁野史,又命子熺以秘书少监领国史"[1],直接否定了他私修史书的理想,所以郑樵也就拒绝了掌修史事务的秦熺的引荐,执意回莆田讲学。再一次也是郑樵到临安,那是在高宗绍兴二十七年(1157),这次郑樵是"以侍讲王纶、贺允中荐,应召对"[2]。此次高宗与之晤谈甚欢,称:"闻卿名久矣,敷陈古学,自成一家,何相见之晚耶!"遂"授右迪功郎,掌管礼兵部架阁"[3]。这在当时,真要算是白衣登天了,故"一时盛事,四海传闻,所闻宏多,由兹

---

[1] 〔元〕脱脱等撰,中华书局编辑部点校:《宋史》卷473《秦桧传》,北京:中华书局,1985年,第13760页。

[2] 〔元〕脱脱等撰,中华书局编辑部点校:《宋史》卷436《郑樵传》,北京:中华书局,1985年,第12944页。

[3] 〔元〕脱脱等撰,中华书局编辑部点校:《宋史》卷436《郑樵传》,北京:中华书局,1985年,第12944页。按在宋代,迪功郎按通例每授与布衣,史书如《建炎以来系年要录》等,即每有以进书补迪功郎的事例散见记载。

第一章 生前与身后：南宋至元代的郑樵接受史

增长"[1]。也因此招致一些人的嫉恨，所以很快郑樵就"以御史叶义问劾之，改监潭州南岳庙，给札归抄所著《通志》"，也就是给了点笔纸就打发他回家了。绍兴三十一年（1161），郑樵终于完成《通志》的编撰工作，于是第三次携书北上。这也是他最后一次进觐临安。不巧，适逢"高宗幸建康（今南京）"，无缘得见，后经辗转传递，才得到诏书，授"枢密院编修，寻兼摄检详诸房文字"职。就在郑樵满以为可以实现夙愿，幻想着可以入"秘书省翻阅书籍"，计划着借此机会阅读朝中藏书之时，官场的黑暗，再一次使他的希望成为泡影[2]。次年春天，宋高宗自建康回到了临安，记起了郑樵献书之事，于是命郑樵再入朝呈献《通志》。但是，就在高宗诏旨下达的当天，郑樵却因为长期苦学积劳成疾而与世长辞了。其时"海内之士知与不知，皆为痛惜。太学生三百人为文以祭"。

就郑樵在南宋其生前身后的接受史来看，早在郑

---

[1]〔宋〕郑樵：《上殿通志表》，原载〔明〕周华《福建兴化县志》卷6《撰述》。此转引自吴怀祺《郑樵研究》所附，第182页。

[2]〔元〕脱脱等撰，中华书局编辑部点校：《宋史》卷436《郑樵传》，北京：中华书局，1985年，第12944页。

樵生前，他的很多著述就已经在社会上传播了。郑樵在《上宰相书》中就说道："樵虽林下野人，而言句散落人间，往往家藏户有，虽鸡林无贸易之价，而乡校有讽诵之童。凡有文字属思之间，已为人所知，未终篇之间，已为人所传。"[1] 这种从民间到朝堂对于郑樵学术接受的一致趋向，也是两宋社会重文之风的体现。在这种社会文化环境下，郑樵的形象基本是正面的。

就郑樵及其学术接受史来看，最推崇郑樵的当是郑樵家乡或曾在郑樵家乡任官的人。例如曾知福州，后任吏部尚书的汪应辰（1118—1176）在给朝廷的《荐郑樵状》中便极称郑樵曰：

> 伏见福州寄居郑樵，自少笃学，无他嗜好，年逾七十（当有误），称道不倦。所著《六书本义》明古人制字之意，皆有证援，疑者阙之，不为强说，足以辨近世儒者私意穿凿之失，又有《诗传》，其考究精密，多先儒所未悟，推测经旨，简易明白。

---

[1] 〔宋〕郑樵：《夹漈遗稿》卷3《上宰相书》。转引自吴怀祺《郑樵研究》所附，第169页。

第一章 生前与身后:南宋至元代的郑樵接受史

伏望圣慈令福州取索缮写投进。庶几一经圣鉴必有取焉,亦足以慰其记事纂言之勤。[1]

如果说曾在福州任官的汪应辰所述事实还基本客观的话,那么与郑樵有同邑乃至亲故之谊的林光朝(1114—1178),其眼中的郑樵,就难免有些夸饰的成分了。林光朝在《与郑编修渔仲》的信中,甚至说郑樵"去吾圣人千余岁,得不传之学。夫子三四十年,足迹半天下,自卫反鲁,然后乐正雅颂各得其所,于讨论之后,仅无一人知制作大意"[2]。竟然将郑樵方之孔子。此外,林光朝的弟子福州福清林亦之(1136—

---

[1] 〔宋〕汪应辰:《文定集》卷6《荐郑樵状》。此转引自吴怀祺《郑樵研究》所附,第207页。按郑樵卒年五十九,此称郑樵"年逾七十","七"或为"五"之误。

[2] 〔宋〕林光朝:《艾轩集》卷6《与郑编修渔仲》,上海:上海古籍出版社景印文渊阁《四库全书》,1986—1990年,第1142册。按:林光朝字谦之兴化军莆田人,郑侠之婿,很可能与郑樵家族有着某种宗亲关系。

1185），也极称郑樵是"千载人物"[1]。而这显然是和林光朝与郑樵之间这种特殊关系有关。也就是说，南宋时期，在郑樵的生前与身后，从包括林亦之、林希逸（1193—1271）等士人的情况看，他们对于郑樵的接受，地方乡谊关系，是一个值得注意的因素。

除上述那些与郑樵同乡同邑，或与福州地方有关系的士人外，从郑樵生前身后的接受史看，对郑樵学术理解和学术共鸣中，最值得玩味的，是南宋一代大儒朱熹（1130—1200）对郑樵相应学术的接受，尤其是对郑樵所谓"《诗》《书》可信，而不必字字可信"的观点，以及郑樵所持《诗》之旨趣，在声不在义，进而否定毛《诗》序传的观点的认同。

---

[1] 见〔宋〕林希逸《次云方先生诗集序》。转引自曾枣庄主编：《宋代序跋全编》卷55，（济南：齐鲁书社，2015年，第1484页）。按：该文虽为方次云诗集所作之序中言，但亦可见福州地方士人所接受的形象。该文全文曰："余尝因论世尚友之言，而后知古人所以慨惜人物者。夫以友天下之士为未足，而必求之诗书，是岂忽近而骛远哉？盖宇宙茫茫，人物能几，同乎伊尹，犹有莱朱献子之友，已忘其三。向非孟氏一言，则俱泯泯矣。网山先生尝曰：'在昔乾、淳，莆之人物最盛，其间数大老，若文节、次云、景韦、渔仲，皆千载人物。'今艾轩以集行，夹漈《通志》、溪东《艺圃》久传于世，可以读其书而知其人。独麟台方公既殁，其后浸微，平生著述，片纸不存。其可传者，惟古律诗两卷，亦复沉没不显，姓氏仅见于艾轩铭，是岂非可重慨惜也耶！"

第一章 生前与身后：南宋至元代的郑樵接受史

朱熹虽祖籍是徽州婺源（今江西婺源），但他的出生地却是南剑尤溪（今属福建三明市）。尤溪与郑樵家乡莆田相距不远，这就为朱熹接受郑樵的学术提供了地缘上的优势。朱熹《朱子语类》记朱熹语，有"郑渔仲《诗辨》：'只是淫奔之诗，非刺仲子之诗也。'某自幼便知其说之是"[1]。此既说明郑樵虽一生只是一介寒士，但还在其生前，他的学术就已经在社会上有了相当的传播。同时也说明，地缘条件确实对朱熹对郑樵诗学的接受有影响。但是这里要强调的，是朱熹对于郑樵诗学等学术观点的接受，与其他那些与郑樵有着乡谊关系的士人不同，即从根本上说，并不是基于地缘而是基于学术观点的一致。

朱熹对郑樵的接受，表现最集中的就是他的《诗》学。朱熹《诗》学的基本观点，完全是在接受郑樵《诗》学的前见或前理解的基础上形成的。例如郑樵曾作《诗辨妄》，力诋小序，而朱熹则继承郑樵《诗》学观点，另作《诗集传》和《诗序辨说》等。朱熹《诗》学体现出的对于郑樵观点的接受，可以在朱熹的许多言论中

---

[1]〔宋〕黎靖德编，王星贤点校：《朱子语类》卷23《论语五·为政篇上·诗三百章》，北京：中华书局，1986年，第539页。

看出端倪。例如朱熹对学生说：

> 旧曾有一老儒郑渔仲，更不信《小序》，只依古本与叠在后面，某今亦只如此，令人虚心看正文，久之其义自见。盖所谓《序》者，类多世儒之误，不解诗人本意处甚多，且如"止乎礼义"，果能止礼义否？《桑中》之诗，礼义在何处？[1]

> 《诗序》实不足信，向见郑渔仲有《诗辨妄》力诋《诗序》，其间言语太甚，以为皆是村野妄人所作。始亦疑之，后来子细看一两篇，因质之《史记》《国语》，然后知《诗序》之果不足信。[2]

应该说，在后世郑樵学术的接受史中，朱熹的推阐，有着不容忽视的作用。

两宋时期，如前面所述，也是经学研究范式发生重大变化的转捩期，疑古革新思潮盛行，其时"新义

---

[1] 〔宋〕黎靖德编，王星贤点校：《朱子语类》卷80《诗一·纲领》，北京：中华书局，1986年，第2068页。

[2] 〔宋〕黎靖德编，王星贤点校：《朱子语类》卷80《诗一·纲领》，北京：中华书局，1986年，第2076—2077页。

第一章 生前与身后：南宋至元代的郑樵接受史

日增，旧说几废"[1]，质疑汉唐经学的精神弥漫。这种普遍怀疑的理性觉悟，既是郑樵质疑经典、考释典章文物的学术背景，也是南宋学人接受郑樵学术的学术语境。可以说，正是两宋特有的学术语境，在构成郑樵学术预期读者群的同时，也形成了时人接受郑樵这种"好攻古人"，并"欲凭此开学者见识之门户"学术之前理解和共鸣[2]。如东发学派创始人黄震（1213—1281）即称："向见郑渔仲有《诗辨妄》，力诋诗序，某作诗传去小序，自作一处尽涤旧说，诗意方活。"[3]

在两宋崇智氛围弥漫的语境下，郑樵学问广博，受到很多学者的关注和追随，很多学者都对郑樵的学术观点或表示赞同，或径直采纳引用。例如与郑樵几乎同时但稍晚十几年去世的林之奇（1112—1176），其《尚书全解》，就屡屡引述郑樵有关地理、水道之说以为证[4]。此外，当时与林之奇相类引述郑樵学术观点

---

[1] 〔清〕永瑢等撰：《四库全书总目》卷15《毛诗本义》提要，北京：中华书局，1965年，第121页。
[2] 〔宋〕郑樵：《通志略·乐略第一》，上海：上海古籍出版社影印世界书局排印本，1990年，第357页。
[3] 〔宋〕黄震：《黄氏日钞》卷97"毛诗"条，元至元刻本。
[4] 详见该书卷7、卷8和卷10。

者，稍检索就有闽人李樗（约与林之奇同时）《毛诗集解》、吕祖谦（1137—1181）《东莱集》、罗泌（1131—1189）《路史》、滕珙（淳熙十四年［1187］进士）《经济文衡》、王质（1135—1189）《雪山集》、张洽（1160—1237）《春秋集注》、祝穆（？—1255）《方舆胜览》、王应麟（1223—1296）的《困学纪闻》和《玉海》、夏僎（生卒年未详，宋淳熙五年［1178］进士）《尚书详解》、张端义（约1235年前后在世）《贵耳集》、张世南（约1225年前后在世）《游宦纪闻》、周密（1232—1298）《癸辛杂识》、赵惪（南宋生卒年不详）《四书笺义》等，这些学者著作对郑樵书的观点，尤其是有关《诗经》及水文地理、解字名物、氏族渊源等观点和知识的引述。这一方面表明，郑樵学的问得到了当时很多学者的认可，认为郑樵的考证有参考价值；另一方面也说明，郑樵学术在当时接受者的眼中，在一定程度上承担着某种百科全书式的角色。

当然，在郑樵生前身后，社会对郑樵及其学术的接受，也不是一味地认同、赞扬，还是有着不同声音的。例如还在郑樵生前，与郑樵同时代的大诗人陆游，就在他的《渭南文集》卷三十一中记载："予绍兴庚辰

第一章 生前与身后:南宋至元代的郑樵接受史

(三十年)、辛巳(三十一年)间在朝路识郑渔仲,好古博识,诚佳士也,然朝论多排诋之。时许至三馆借书,故馆中亦不乐云。"[1]作为一个直接在场的经历者,陆游所说的"然朝论多排诋之",反映的绝对是某种事实。从郑樵当时的经历看,这种"然朝论多排诋之"也是可以理解的。试想一下,一位无官无职的穷酸布衣,凭什么不仅一再受到"赠书给札",著作"诏藏秘府",乃至赐与官职和随意翻检朝中藏书之权,甚至屡受皇帝亲自召见晤谈,真可谓是"过蒙拔擢,宠命优渥"。这自然会受到朝中一些官员的嫉恨,排诋之言也就会随之而来。尤其是在当绍兴三十一年(1161)十月郑樵上《通志》,得授枢密院编修官入史馆之后,史馆中人士对他排挤、诋毁最明显,证据就是当时也在史馆的周必大。正是这个周必大在郑樵去世以后有一段议论:"(郑)樵好为考证伦类之学,成书虽多,大抵博学而寡要。平生甘枯淡,乐施与,独切切于仕进,识者以是少之。"为后来的《宋史》作者所采用,构成了郑樵接受史中负面形象的论据。

---

[1] 〔宋〕陆游著,马亚中、涂小马校注:《渭南文集校注》卷31《跋》,杭州:浙江古籍出版社,2015年,第35页。

郑樵学术接受史之分析

如果说"朝论多排诋之",在对郑樵的接受史中,还属于掺杂了妒忌情绪等非学术因素,那么,在南宋郑樵接受史中一些学者的观点就有些不同了。这些学者在肯定郑樵博物洽闻的前提下,也确实指出了郑樵著作中存在的一些问题,这就值得我们思考。

如程大昌(1123—1195)在跋《岐阳石鼓》时,曾言及郑樵曾著《石鼓考》,"其文多至数百千言",但程大昌认为"樵之博固可重,而语多不审"[1],故而郑樵的考证不能作为定论,并为此"尝论辨正之"。即认为在对郑樵学术观点的接受方面,应持慎重态度。目录学名家陈振孙(?—约1261),其《直斋书录解题》卷二对郑樵《书辨讹》七卷解题称:"(郑)樵以遗逸召用,博物洽闻,然颇迂僻。"[2] 其卷一"夹漈《春秋传》十二卷、《考》一卷、《地名谱》十卷"解题曰:"(郑)樵之学,大抵工于考究,而义理多迂僻。"[3] 其卷二"夹漈《诗传》二十卷、《辨妄》六卷"题解曰:"郑樵撰《辨妄》者,

---

[1] 〔宋〕程大昌撰,黄永年点校:《雍录》卷9《事物·岐阳石鼓文六》,北京:中华书局,2002年,第204页。

[2] 〔宋〕陈振孙:《直斋书录解题》卷2《书辨讹》,清刻武英殿聚珍版丛书本。

[3] 〔宋〕陈振孙:《直斋书录解题》卷1,清刻武英殿聚珍版丛书本。

第一章 生前与身后:南宋至元代的郑樵接受史

专指毛、郑之妄。谓《小序》非子夏所作可也,尽削去之而以己意为之序可乎?樵之学虽自成一家,而其师心自是,殆孔子所谓不知而作者也。"[1] 皆一方面认可、称赞郑樵是"博物洽闻""自成一家""工于考究"的同时,也对郑樵的学术性情提出诸如"颇迂僻""义理多迂僻""师心自是"等批评。此外,假若稍检南宋郑樵身后的学术接受史,就会发现,由于郑樵的《诗辨妄》疑古过猛,对于《毛诗》及诗序提出几乎颠覆性的结论,虽得到一些大家,如朱熹、黄震等人的认同,但也必然会遭到一些保守士人的反对。例如稍晚于郑樵的周孚(1135—1177),即直接针对郑樵的《诗辨妄》而撰《非诗辨妄》,"总而次之,凡四十二事,为一卷",对郑樵的观点进行反驳。

从两宋,特别是从郑樵成年以后主要活动的南宋对郑樵生前身后的接受史看,大致呈现三种情况。其中第一种是与郑樵有着乡谊关系(其中也包括在郑樵家乡担任过职务)的士人的接受情况。这部分士人所接受的郑樵的形象,完全是正面的,几乎全无瑕疵,

---

[1] 〔宋〕陈振孙:《直斋书录解题》卷2,清刻武英殿聚珍版丛书本。

不仅学问深厚，而且道德品行高尚。这一特点，也是我们研究郑樵接受史时，需要格外注意的。第二种接受情况主要涉及较单纯的学者，这部分人对于郑樵的接受，多是从知识的角度，认同郑樵提出的某些具体名物、地理及制度等问题的考释。受两宋崇智和疑古思潮的影响，这部分的士人所接受的郑樵的形象，大多为"博学""著述宏富"的学者，并往往在他们自己的著述中引述郑樵相关的结论，或以郑樵的相关观点为证据。由于这部分士人对郑樵的接受具有更多的学术成分，所以相对来说也较为客观，在认同郑樵"博学""著述宏富"的同时，往往也能指出郑樵学术中的一些不足。至于第三种接受情况涉及的人，则主要是一些相对不学无术的官僚，如当时对郑樵多"多排诋之"的史馆编修人员，这也使得这些人的言行中，多少带了点妒忌的酸腐。除这些史馆编修官员外，在以负面形象接受郑樵的人中，则一般会带上一点保守卫道的思想取向。

第一章　生前与身后：南宋至元代的郑樵接受史

三、《通志》的刊行与元代郑樵学术接受史

元朝，是继隋唐之后，历经五代十国、宋辽夏金各政权长期割据的时期后，重新完成了全国统一的朝代。这也是我国历史上第一个由少数族建立的全国统一政权，是各族人民大融合的新时代。虽然元代在历史上存在的时间不长，而且是处在少数民族的统治之下，就学术的发展而言，元代的学术，较隋唐及宋代的学术要逊色许多，但是在皇朝的后期，由于统治者的重视、支持，学术在某些方面仍然有相当的发展。其中仅就史学的发展看，引人注意的，既有延续编修前代正史惯例所修纂的《宋史》《辽史》《金史》三部正史，以及《元典章》等大型典制志书的编修，又有私人修纂的《通志》《文献通考》等大型史著的刊刻出版。其中从郑樵的接受史来看，郑樵代表之作《通志》的刊刻出版，直接提高了郑樵的知名度，可谓是元代郑樵接受史中最大的事件。然而，郑樵接受史中这样大的一个事件，却是来得相当的晚。

《通志》一书乃郑樵晚年所撰，其既是集郑樵一生

著述之大成，也是最能体现郑樵学术精神的代表作。学术上，郑樵力主会通之旨，一生服膺司马迁和刘知幾，晚年成书的《通志》共200卷，乃是他网罗诸史，汇集自己全部学术，志在继踵司马迁《史记》，比肩唐代大史学家杜佑典制通史《通典》的史学巨著。史学史上，人们也一向把郑樵的《通志》与杜佑的《通典》和元代马端临的《文献通考》，并称"三通"。然而，郑樵这样一部巨著，虽修成于绍兴三十一年（1161），但据包恩梨举《重刊兴化府志·郑樵传》《莆阳比事》和《隐居通议》等文献考证，在郑樵逝世的绍兴三十二年（1162）春天，《通志》尚未来得及进献到朝廷。郑樵可以说是赍志而殁[1]。《通志》的进献，事实上是在宋孝宗淳熙年间，即公元1175年至1189年间的事。关于郑樵《通志》的版行情况，民国学人张须著《通

---

[1] 〔元〕刘埙：《隐居通议》卷31《杂录》"夹漈通志"条，亦有"先生少不事科举，惟务著书，三举孝廉，两举遗逸，俱辞。后以经筵列荐，特召赐对，称旨，命以官主管礼兵部架阁文字。乞还山，诏给笔札修史，及缮写成书二百卷，造朝，除枢密院编修官兼检详诸房文字，又命缴进《通志》《通略》。未及上而卒。有子，翁归才八岁，家藏遗稿多散逸云"的记载。清海山仙馆丛书本。按埙字起潜，丰人。书中自称开庆元年年二十，则宋亡之时已年三十六，故所记多宋时事。

第一章 生前与身后：南宋至元代的郑樵接受史

志总序笺》综各家之说，考述相当详明。其说大略如下：

《通志》二百卷。《宋志》入别史类。又经部有《通志六书略》五卷，集部有《通志叙论》二卷，盖宋时故多裁篇多行者。今不析举。《通考》引《中兴四朝艺文志》云："中兴初，郑樵采历代史及他书，为书曰《通志》，仿迁、固为纪传，而改表为谱，志为略。"是为《通志》见于著录之始。《玉海》四十七卷，略与此同。（张）颜案，二百卷之本，今随地可得，然在宋时，惟二十略通行于世。虽博学如马贵与，亦未睹全书。《通考》郑夹漈《通志略》下云："《中兴四朝艺文志》别史类，载《通志》二百卷，其后叙述云，见上引则其为书，似是节钞删正历代之正史，如高峻之《小史》，苏子由之《古史》，而非此二十略之书也。但二十略序文，亦略言作书之意，岂彼二百卷者自为一书，亦名之曰《通志》，而于此序附言其意耶？或并二十略共为一书耶？当俟续考。"是贵与当时所见，仅为裁篇别行之二十略。至二百卷之本，其中果包二十略，尚待续考也。元时虽有大德间福州刊本,而行世最易得者,仍为二十略。刘埙《隐居通议》卷三十一:"余自少闻闽中有大书一部,名曰《通志》,思见其书而无由。近大德岁间,东宫有令,下福州刊《通志》,于是益思。游宦剑津,始获见《通志二十略》,乃兴化旧刊本,近三十册。或曰此《通志》之节略者尔,或曰非也。《通志》凡二百卷,为全书。而二十略者,特传志中之一。今福州所刊《通志》,凡万几千板,装背成凡百十册,视兴化之三十册,则福为全志明矣。"是起潜(刘埙)亦未睹全书,然能确知二十略在全志之内,则辨洽优于贵与也。《通志》进御之书,不知宋时已镂板否。今藏家有元刊本,乃至治初福州路总管吴绎就大德刊本摹印颁行者。丁氏《善本书室藏书志》考订甚详……[1]

从张须先生上述列举的材料和相关考证看,《通志》最早著录于南宋后期官修《中兴四朝艺文志》,但这也只是秘书阁所藏《通志》稿本的著录。由于卷帙

---

[1] 张须:《通志总序笺》附论二,上海:商务印书馆,1934年,第92—94页。

第一章 生前与身后：南宋至元代的郑樵接受史

浩繁，举国家之财力，才有可能刊刻。故而终南宋一代，《通志》也没有得到刊印。所以南宋时两大藏书家、目录学家晁公武、陈振孙，在他们的《郡斋读书志》和《直斋书录解题》中，皆未著录《通志》一书。直至元代的马端临（约1254—1323）《文献通考》，还只是在《经籍考》的"故事"类中著录了《通志略》。

南宋时《通志》全帙虽然没有刊行，但其中的《二十略》却有刊本流行。前引张须考证所引宋元之际刘埙《隐居通议》即引宋末宗室赵必晔（生卒年不详）《二十略》跋曰："蒲阳刻本《二十略》，然全史（指《通志》）未之见，则志自志，略自略也。"[1]

关于《二十略》在南宋刊行的情况，据称有兴化刻本（以莆田属兴化军故，亦有人称莆田刻本），其证有宋元之际的马端临《文献通考·经籍考》著录"郑夹漈《通志略》"言："此书刊本元无卷数，止是逐略分为一二耳。"此外，前引张须考证所引宋元之际刘埙《隐居通议》引宋末宗室赵必晔（生卒年不详）《二十略》跋曰："蒲阳刻本《二十略》，然全史（指《通志》）未之

---

[1]〔元〕刘埙：《隐居通议》卷31《杂录》"夹漈通志"条引赵必晔跋。清海山仙馆丛书本。

见，则志自志，略自略也。"而刘埙亦称："近大德岁间，东宫有令，下福州刊《通志》，于是益思。游宦剑津，始获见《通志二十略》，乃兴化旧刊本，近三十册。"[1]。这些都说明郑樵的《二十略》刊行在先。据刘埙《隐居通议》引赵必晔跋语，可知宋宗室皆未得见，则宋代未有刻本行世亦因此可知了。至于《文献通考》的作者马端临，当然也就更没能一睹全本的《通志》了。

以上郑樵《通志》刊行情况说明，南宋及元初的学界，对于郑樵的接受，主要是对《二十略》而言。事实上，在《通志》全帙刊行之前，人们对于郑樵及其学术的接受，主要也是依据《二十略》，如马端临的《文献通考》。但马端临所接受的郑樵，情况却相当的负面，他在《郑夹漈通志略》的解题中云：

> 按郑氏此书，名之曰《通志》，其该括甚大。卷首序论讥诋前人，高自称许，盖自以为无复遗憾矣。然夷考其书，则氏族、六书、七音等略，考订详明，议论精到，所谓出臣胸臆，非诸儒所

---

[1] 〔元〕刘埙：《隐居通议》卷31《杂录》"夹漈通志"条，清海山仙馆丛书本。

第一章 生前与身后：南宋至元代的郑樵接受史

得闻者，诚是也。至于天文、地理、器服，则失之太简，如古人器服之制度至详，今止罇罍一二，而谓之器服略可乎？若礼及职官、选举、刑罚、食货五者，则古今经制甚繁，沿革不一，故杜岐公《通典》之书五者居十之八。然杜公生贞元间，故其所记述止于唐天宝。今《通志》既自为一书，则天宝而后，宋中兴以前，皆合陆续铨次，如班固《汉书》续《史记》武帝以后可也。今《通志》此五略，天宝以前则尽写《通典》全文，略无增损，天宝以后则竟不复陆续。又以《通典》细注称为己意，附其旁，而亦无所发明。《通志》此五略中所谓"臣按"云云，低一字写者，皆《通典》细注耳。疏略如此，乃自谓"虽本前人之典，而亦非诸史之文"，不亦诬乎！夹漈讥司马子长全用旧文，间以里俗，采撷未备，笔削不遑。又讥班孟坚全无学识，专事剽窃，自高祖至武帝七世，尽窃迁书，不以为惭。至其所自为，书则不堪检点如此，然则著述岂易言哉！[1]

马端临此论，显然对郑樵《二十略》的学术疏略颇有诟病，尽管这些只是马端临一己之见，但因后世多以《通志》与杜佑《通典》、马端临《文献通考》并称"三通"，亦常以三者作比较，故而马端临对郑樵的负面评价，作为某种前见或前理解，必然也影响到后世对郑樵的接受。

这种没有《通志》的情况下的对郑樵的接受，大约要持续到元大德年间，即前引刘埙所谓"近大德岁间，东宫有令，下福州刊《通志》"，也就是公元1297年至1307年之间，元朝廷下令由福州刊刻全帙《通志》。当然，对此也有今人不同意，认为福州所刊《通志》，应是就原郑氏家存稿所刊版。研究者通过对现存元版《通志》实书考察，指出《通志》初刊晚于大德十数年的元至大（1308—1311）时期，此后又于至治年间（1321—1323）重印，故《通志》在元代有两个印

---

[1]〔元〕马端临撰，上海师范大学古籍研究所、华东师范大学古籍研究所点校：《文献通考》卷201《经籍考》，北京：中华书局，2011年，第5784页。

第一章 生前与身后：南宋至元代的郑樵接受史

本。[1]但不管怎么说，若分析郑樵的接受史，就不得不考虑《通志》的被阅读及阅读群体的情况。

从元代郑樵接受史看，对后世观点影响最大的，莫过于元末修纂的《宋史》。《宋史》作为正史具有正统性和权威性，其对于郑樵的评价，自然会对后来的郑樵接受，具有不容小觑的影响。当然，将郑樵纳入正史儒林传之中，所体现的，还应该是元代官方对郑樵学术成就的肯定，但是传中对郑樵总体带有负面叙述，多少还是会引起读者对郑樵形象的遐想，进而形成接受郑樵的基点。关于郑樵，《宋史·郑樵传》是这样记载的：

> 郑樵，字渔仲，兴化军莆田人。好著书，不为文章，自负不下刘向、杨雄。居夹漈山，谢绝人事。久之，乃游名山大川，搜奇访古。遇藏书家，必借留读尽乃去。赵鼎、张浚而下皆器之。

---

[1] 关于《通志》在元代的刊行情况，可参见包恩梨《〈通志〉版本考》，文载《社会科学战线》1983年2期"图书学"。但包恩梨认为刘埙虽是当时人，并在福州任官，以时人记时事，本当可靠，但刘埙本人并未亲见其书，故其说仍有可疑之处，即刘埙的《通志》初刻于大德年间说不可靠。

初为经旨、礼乐、文字、天文、地理、虫鱼、草木、方书之学,皆有论辨。绍兴十九年,上之诏藏秘府。樵归,益厉所学,从者二百余人。

以侍讲王纶、贺允中荐,得召对。因言班固以来历代为史之非,帝曰:"闻卿名久矣,敷陈古学,自成一家,何相见之晚耶?"授右迪功郎、礼兵部架阁。以御史叶义问劾之,改监潭州南岳庙,给札归抄所著《通志》。书成,入为枢密院编修官,寻兼摄检详诸房文字。请修金正隆官制,比附中国秩序,因求入秘书省翻阅书籍。未几,又坐言者寝其事。金人之犯边也,樵言岁星分在宋,金主将自毙,后果然。高宗幸建康,命以《通志》进,会病卒,年五十九,学者称夹漈先生。

樵好为考证伦类之学,成书虽多,大抵博学而寡要。平生甘枯淡,乐施与,独切切于仕进,识者以是少之。[1]

从这篇传记对郑樵其人其书的评价可以看出,它

---

[1]〔元〕脱脱等撰,中华书局编辑部点校:《宋史》卷436《儒林六·郑樵》,北京:中华书局,1985年,第12944页。

第一章 生前与身后：南宋至元代的郑樵接受史

几乎就是全部抄纂了宋人周必大的观点。由于正史的权威性，周必大一家之说，与前面引述的马端临对郑樵的批评，也就成为了影响后人接受郑樵的前见。尤其是《宋史》"樵好为考证伦类之学，成书虽多，大抵博学而寡要。平生甘枯淡，乐施与，独切切于仕进，识者以是少之"一句，几乎成了后世学者所接受郑樵的基本形象，每每为后人所引述。

当然，从元代总体来说，尽管《宋史》和马端临《文献通考》的评价具有很大社会影响力，但是与此同时，我们还是可以看到，在同时期其他学者的著作中还是有不少肯定的意见。

同时我们也看到，这些元代学者的肯定意见，同样是多集中于《二十略》。除了对《二十略》中具体考证意见的参考和称引外，也表达了对郑樵学术的推崇。如以学识渊博著称的欧阳玄，在为金代蔡珪（正甫）《补正水经》所作序中即称："余观正父之博洽多识，其见于它著作者，盖有刘原父、郑渔仲之风，中州士之巨擘也。"[1] 这里，欧阳玄称颂蔡珪著作渊博，有宋

---

[1]〔元〕欧阳玄：《欧阳玄全集》，成都：四川大学出版社，2010年版，第585页。

学者刘敞、郑樵之风。此外,元代研究《诗经》的学者梁益(生卒年不详)也说,郑樵"道德高邵,学博而雅,大儒也"[1],所"作《诗辨妄》六卷,诗经之旨大明,迨晦庵朱子而大定矣"[2]。而且还说,"古今言河者,夹漈郑渔仲最详"云[3]。又如稍晚出的金履祥(1232—1303)在《书经注》《通鉴前编》中,亦多次引用郑樵关于水文地理的考证。显然,这些学者在对郑樵的形象的接受上,大多表现出更积极的取向。

---

[1] 〔元〕梁益:《诗传旁通》卷 15,北京:北京师范大学出版社 2012 年,第 289 页。
[2] 〔元〕梁益:《诗传旁通》卷 13,北京:北京师范大学出版社 2012 年,第 284 页。
[3] 〔元〕梁益:《诗传旁通》卷 13,北京:北京师范大学出版社 2012 年,第 263 页。

第二章　明清学术思潮与对郑樵的接受

明清两代的学者，对于郑樵学术的评价，褒贬之间，正反两方面的意见都不少。透过这些正面及反面的评价，恰好揭示出明清两代学者接受郑樵学术背后不同的时代学术思潮，以及不同学者的个人好恶与对思潮的不同取向。于是，一部明清学者的郑樵接受史，也从一个侧面揭示了明清学术史展开的一些底色。

一、从表彰乡贤到鼓吹实学：明代接受郑樵基本进路

清末经学家皮锡瑞曾有一句话："论宋、元、明三

朝之经学,元不及宋,明又不及元。"[1]此虽是概括经学,但用来概括整体学术亦未尝不可。就明代来说,社会有相当长的时间为反智主义所笼罩,学术成就与其他时代相比确实不高。按学术发展阶段看,明初,承宋元学风,社会的反智倾向还未显现,学风也还相对朴实。所以这个时期,对于郑樵学术,尤其是就针对某些具体的学术而言,还是肯定居多,问题讨论也时有称引郑樵的观点。例如宋濂(1310—1381),即极力推崇《通志》中的《氏族略》:"嗟夫!氏族之学,古昔所甚重。夹漈郑渔仲著为《通志》,其中二十略,唯《氏族》最备然。"[2]然而明初这种承元而来的学风,很快销蚀,顾炎武所谓:"自八股行而古学弃,《大全》出而经说亡,十族诛而臣节变,洪武、永乐之间,亦世道升降之一会矣。"[3]此所谓《大全》,即朱棣发动"靖难之役"取得政权后,诏令儒臣编纂的《五经大全》《四书大全》和《性理大全》,为天下士子必读书,意在使程朱理学

---

[1] 〔清〕皮锡瑞:《经学历史》,北京:中华书局,1959年,第283页。
[2] 〔明〕宋濂:《宋濂全集》,杭州:浙江古籍出版社,1999年,第1331页。
[3] 〔清〕顾炎武著,〔清〕黄汝成集释,栾保群、吕宗力点校:《日知录集释》卷18"书传会选"条,石家庄:花山文艺出版社,1990年,第813页。

官学化，一统思想天下。"十族诛"则是指朱棣诛灭方孝孺"十族"的事件，这样的结果，则是学术的沉寂，士人亦多"束书不观"。然"大概明中叶以后，学者渐渐厌弃烂熟的宋人格套，别出手眼，自标新异。于是乎一方面表现为心学运动，另一方面表现为古学运动。心学与古学看似相反，但其打破当时传统的格套，如陆象山所谓'扫俗学之凡陋'，其精神则一"[1]。这种"打破传统的格套"在学术上的体现之一，就是崇智主义的被重新唤起，而具体体现在郑樵接受史方面，则是郑樵在古学复兴中被重新发现的同时也被重新接受。

由于郑樵的学术几乎涉及经史之学、文字小学、金石目录之学等古典学术的各个方面，所以单就某些具体的学术来说，在古学复兴的学术思潮中，有不少学者引述郑樵的学术观点。关于这一点，只要简单检索一下，就会发现，明代中叶以降一些号称博学的学者，如丘浚、杨慎、唐顺之、王世贞、王樵、焦竑、朱睦㮮、胡应麟、邢云路、张自烈、章潢、李时珍等，都在自己著述的相关部分，或征引或评议郑樵某些学

---

[1] 嵇文甫：《晚明思想史论》，北京：东方出版社，重排本，1996年，第156页。

郑樵学术接受史之分析

术观点,可见郑樵学术,在明代还是有相当的影响[1]。但是总的来说,在社会整体"束书不观"、反智氛围浓重的明代,郑樵及其学术的命运可想而知,除了少数学者就具体学术问题的征引或评议外,真正关注郑樵及其《通志》的人并不很多。

明代对郑樵的全面关注与接受,实际上最先启动的,还是在当时地方表彰先贤的活动中。《四库全书总目》曾评议道:"盖夸饰土风,标榜乡贤,乃明地志之陋习。"[2] 其实标榜乡贤也是地方史的通病,各时代莫不濡染此疵。只是到了明代中后期,随着地方史撰述渐入佳境,撰述繁富,此风也就自然地炽热了起来。对郑樵形象的再塑,正是从地方史标榜乡贤的风气中开启。通过这些地方史记述郑樵的文字,我们可以看到,明人对于郑樵的接受和再塑,经过了一个怎样的

---

[1] 如丘浚的《大学衍义补》、杨慎的《丹铅总录》《升菴集》《转注古音略》、唐顺之的《稗编》、王世贞的《弇州山人四部稿》、王樵的《尚书日记》、焦竑的《澹园集》《澹园集续集》《焦氏笔乘》、朱睦㮮的《五经稽疑》、胡应麟的《少室山房笔丛》《少室山房类稿》、邢云路的《古今律历考》、章潢的《图书编》、李时珍的《本草纲目》、张自烈的《正字通》等。

[2] 《四库全书总目》卷70,史部地理类八"杂记之属",《江汉丛谈》提要,北京:中华书局,1965年,第626—627页。

第二章　明清学术思潮与对郑樵的接受

历程。

现存最早最全面正面叙述郑樵事迹的地方史，以周华所纂《游洋志》为最详[1]。其卷四《儒林传·宋·郑樵》不仅引述宋人祭文，称郑樵卒时，"海内之士，知与不知，皆为痛惜。太学生三百人为文以祭，归正之人感先生之德，莫不惜哭之"。而且颂之曰："先生之学，无所不通，奋乎百世之下，卓然以立言为民为己任，不但如世之所谓博洽而已。"尤言郑樵"标表独立，节行尤高，不汲汲于势利。居乡或累岁不诣郡邑，门人束脩一无所受。晚得祠禄，尽以为笔札。费诏以官给，未尝索取也。于人不苟合，而好贤则笃，见寸善推誉如不及"[2]。似有意在以事实驳《宋史》所谓郑樵"独切切于仕进"之说。

《游洋志》后，成化二十一年（1485），有镇守太监陈道，力邀正在莆田家中丁忧的南京大理寺评事黄

---

[1] 按《游洋志》撰于明正统十三年（1448）裁撤兴化县不久，原仅有残缺抄本，并未雕校印行。1936年，游洋人张国枢据家藏抄本补缀付梓，改称《福建兴化县志》。1999年，地方志编委会又以《游洋志》之名作为内部图书非正式出版了蔡金耀校订本。

[2]〔明〕周华：《游洋志》，蔡金耀点校、莆田地方志编委会1999年内部出版本，第77页。

仲昭纂修福建省志。这就是现存最早的福建省志《八闽通志》。这部省志对郑樵是这样记述的："郑樵字渔仲，厚之从弟，隐居夹漈山，博学强记，搜奇访古。遇藏书家必借留读，尽乃去。过目不忘，为经旨礼乐、天文地理、虫鱼草木、方书之学，皆有辩论。绍兴中，以荐召对，授枢密院编修官。金人犯边，樵策其酋必毙，已而果然。所著书凡五十八种千余卷，又有《通志》二百卷。"[1] 可以看出，《八闽通志》对郑樵的记述，基本上沿袭元修《宋史·郑樵传》，但删去了其中贬义性的内容，如"樵好为考证伦类之学，成书虽多，大抵博学而寡要。平生甘枯淡，乐施与，独切切于仕进，

---

[1] 〔明〕黄仲昭纂，福建省地方志编纂委员会旧志整理组、福建省图书馆特藏部整理：《八闽通志》卷71《郑樵传》，福州：福建人民出版社，1991年，第705页。

第二章　明清学术思潮与对郑樵的接受

识者以是少之"等负面评价[1]。

如果说完成于弘治二年（1489）的《八闽通志》，还有着不得不考虑的整个福建叙述的平衡问题，致使叙述郑樵的文字少而克制，那么十年后纂修的《兴化府志》[2]，则因兴化乃郑樵一生生活、著述的家乡，对

---

[1] 《宋史》卷436《郑樵传》："郑樵字渔仲，兴化军莆田人。好著书，不为文章，自负不下刘向、杨雄。居夹漈山，谢绝人事。久之，乃游名山大川，搜奇访古，遇藏书家，必借留读尽乃去。赵鼎、张浚而下皆器之。初为经旨、礼乐、文字、天文、地理、虫鱼、草木、方书之学，皆有论辨，绍兴十九年上之，诏藏秘府。樵归，益厉所学，从者二百余人。以侍讲王纶、贺允中荐，得召对，因言班固以来历代为史之非。帝曰：闻卿名久矣，敷陈古学，自成一家，何相见之晚耶？授右迪功郎、礼兵部架阁。以御史叶义问劾之，改监潭州南岳庙，给札归抄所著《通志》。书成，人为枢密院编修官，寻兼摄检详诸房文字。请修金正隆官制，比附中国秩序，因求入秘书省翻阅书籍。未几，又坐言者寝其事。金人之犯边也，樵言岁星分在宋，金主将自毙，后果然。高宗幸建康，命以《通志》进，会病卒，年五十九，学者称夹漈先生。樵好为考证伦类之学，成书虽多，大抵博学而寡要。平生甘枯淡，乐施与，独切切于仕进，识者以是少之。同郡林霆，字时隐，擢政和进士第，博学深象数，与樵为金石交。林光朝尝师事之。"

[2] 在此之前所修相关志书，计有明初有永乐（1403—1424）之《莆阳志》，景泰（1450—1456）之《莆阳志》，天顺间（1457—1464）彭韶之《莆阳志》十卷，成化三年（1467）岳正主修之《莆阳志》，成化间（1465—1487）黄礼勤、林若权之《莆阳志》二十卷，然皆佚而无存。参见《重刊兴化府志》，福建人民出版社2007年版，蔡金耀点校前言。

郑樵的叙述，也就很自然地有了巨大的改观。于是我们看到的这部《兴化府志》传记部分的撰写者，虽依旧是《八闽通志》的撰者黄仲昭，但志中的郑樵形象却已大不一样。该传在依"《宋史》本传及《事述》等书"叙郑樵基本事迹后评议曰：

> 樵于学无所不通。其论《书》，则先按伏生、孔壁之旧，与汉儒所传、唐世所易，以辨其古今文字之所以讹。传《春秋》，则首考三家之文，参以同异，而断其简策传写于口耳授受之互有误。说《诗》，则辨大小《序》之文，别《风》《雅》《颂》之音，正二南王化之地，明鸟兽草木之实，类皆信而有证。居乡累岁不一诣守令，门人束修一无所受。笔札虽诏从官给，未尝取也。见人才善，推誉如不及。有来质问者，苟可告语，为之倾倒。数于当路荐林光朝、林彖；增筑苏陂以绍先志，作永实桥、来庵；苟有一利于人，必力为之。

考《兴化府志·郑樵传》的文字，显然参考、沿袭了正统《游洋志》，但是此传后的论，则比《游洋志》

第二章　明清学术思潮与对郑樵的接受

只述史实的委婉辩白要明确而犀利得多。其曰：

> 按史氏谓，樵好为考证伦类之学，成书虽多，大抵博而寡要。平生甘枯淡，乐施与，独切切于仕进，识者以是少之。窃详斯言颇失之诬。故郡人彭韶续修《莆阳志》，曾著论辨之，大意谓樵博学无前，专以著述为乐，非求仕者。考其生平举孝廉、遗逸，屡辞不就。应召诣阙，即求还山，故其山林之日最多，而都下之日绝少也。若果急于仕进，能若是乎？使樵于时位通显，不及著书如今之富，则其心必不能顷刻以自乐，其肯以此易彼乎？史氏谓：博而寡要，犹为责备；若曰切切仕进，岂知樵者乎？续《志》之言，非私于樵而强为之词也，盖欲暴白其心于千载之下云尔。[1]

其文直斥《宋史·郑樵传》言郑樵"失之诬"，其为邑先贤辩白之情跃然纸上。

弘治后，对郑樵事迹作出评述的也是与郑樵同邑

---

[1] 〔明〕周瑛、黄仲昭修，蔡金耀点校：《重刊兴化府志》，福州：福建人民出版社，2007年，第927页。

的柯维骐。

柯维骐（1497—1574），莆田人。嘉靖二年（1523）登进士第，授南京户部主事。未赴，即引疾归。张孚敬用事，创新制，维骐以病满三年罢免。自是谢宾客，专心读书、著述、授徒。柯维骐的代表作《宋史新编》即撰于此时。

不同于元代将宋辽金各为一史，柯维骐《宋史新编》是将三史合为一书，以宋为正统，辽、金附之，内容亦对《宋史》多有增补及论辩。此书虽然不是方志，但是作为与郑樵同乡的柯维骐，对于这位前辈乡贤，还是竭尽全力进行表彰。《宋史新编》的《郑樵传》，尽管与《八闽通志》类似，基本承袭《宋史·郑樵传》的叙述，但稍不同于《八闽通志》简单删除贬义的文字处理，柯维骐认为"称樵平生甘枯淡，乐施与，论者谓其切切仕进，盖弗察"，即以"论者谓"直接否定了《宋史》谓郑樵"独切切于仕进，识者以是少之"的评价。此言外之意，显然也是认为那些言辞是对郑樵的诬陷[1]。

---

[1] 〔明〕柯维骐：《宋史新编》卷166，明嘉靖四十三年杜晴江刻本。

第二章　明清学术思潮与对郑樵的接受

　　地方史表彰乡贤之风，从明中期到明末依然持续。其中天、崇间，有福州侯官诸生陈鸣鹤撰《东越文苑》，"纪闽中文人行实，起唐神龙，迄明万历，为四百十一篇。唐、五代五十人，宋、元三百八十五人，明百有六人。"[1]其中有关郑樵的表述，与以往相比较，又有了更明确的辩护内容。如《宋史·郑樵传》称"以御史叶义问劾之，改监潭州南岳庙，给札归抄所著《通志》"一段，在《东越文苑》，则改为"御史叶义问者害其能，劾之，改监潭州南岳庙"云。《宋史·郑樵传》"书成，入为枢密院编修官……因求入秘书省翻阅书籍，未几，又坐言者寝其事"一段，《东越文苑》则改为"书成，乃诏拜樵为枢密院修纂。樵因伏谢，愿得入秘书省读所未见书。会忌者毁之，事遂寝"[2]。其中，所加虽只以"害其能"，以及将"坐言者寝其事"，改为"会忌者毁之事遂寝"等语句，但其评价的性质立变，不仅一改《八闽通志》大致中性的评判，更修正乃至颠

---

[1]《四库全书总目》卷62"传记类存目四"《东越文苑》提要。北京：中华书局，1962年，第562页。
[2]〔明〕陈鸣鹤：《东越文苑》卷3，《中国古代地方人物传记汇编》第81册福建卷一，北京：北京燕山出版社，2008年影印版，第79—80页。

覆了《宋史》中郑樵的负面形象。不仅如此,《东越文苑》对于郑樵形象的描画甚至超越以往"博学"的评价,而冠以"贤士"之名,径称"天下莫不以渔仲为天下贤士"[1]。"博学"者,单纯就学术言,而"贤士",则为对人格品质的赞誉,两相比较,与《宋史》修纂者对郑樵的评价,其高下自明。

时至明末,因时艰世乱,人们深感于王学空疏,狂禅无补于世,士人纷纷黜虚趋实,倡导有裨于世的实用之学,实学思潮遂因之涌起,于是,郑樵的形象,也随之跳出狭隘的乡贤标签而被涂上了实学的色彩。如前面提到的陈鹤鸣《东越文苑》,对郑樵形象的描画,就比以往史著多了"樵为人耻以雕虫采誉而善著书"的表述,而这"耻以雕虫采誉"的形象,正是明末实学思潮方炽之时士人的学术取向。

晚明学林基于涌动的实学思潮接受郑樵形象,表现得最突出者,莫过于实学领袖、主编《皇明经世文编》的陈子龙(1608—1647)。陈子龙在给朱健《古今治平略》作序时,力推典章制度为经世之要,极言志书难

---

[1] 〔明〕陈鸣鹤:《东越文苑》卷3,《中国古代地方人物传记汇编》第81册福建卷一,北京:北京燕山出版社,2008年影印版,第79—80页。

第二章 明清学术思潮与对郑樵的接受

作,称杜佑、马端临、郑樵之流"简括典故,以事为类,以时为次,缀而成书,颇为学者所重",其中郑樵尤以实学自重。该序云:

> 夫史家之长,以书志为重,盖一代之典谟,百王之宪章,咸于条贯焉,非有淹澹沉郁之才,何以示指掌而昭来祀?博雅若子长,而礼乐之书缺而未举,宏丽茂实,首推孟坚,然犹杂采孟子之言,沿流向、歆之作……良史之才,诚非易也。夫总括者一国,搜猎者数帝,其难犹且若此,况自放勋以至皇朝,纪则累千,代惟百世,包举洪纤,而有伦有脊,岂不鸿巨哉?唐宋以来则有杜君卿、马贵与、郑渔仲之流,简括典故,以事为类,以时为次,缀而成书,颇为学者所重,而渔仲尤自矜许。[1]

陈子龙作此序之时,亦明末社会危机日益深化之

---

[1] 〔明〕陈子龙:《陈子龙全集》中,北京,人民文学出版社,2011年,第1112—1113页。

时,有感"明季士大夫问钱谷不知,问甲兵不知"[1],朝野士人"徒讲文理,不揣时势"[2],陈子龙尤看重有补于世用的典章制度之学,惟因如此,序中,陈子龙称赞朱健《古今治平略》有五善:"略于浮华,详于典实,缓于见薄,急于征用,一也;前代之迹简而该,本朝之事备而切,一也;杂诸家之论而不病,于驳抽未发之绪而必源于古,一也;文章闳雅足以发抒其意,一也;上下二千余年,典文详洽而卷帙不多,一也。"认为"此五善者,皆前人所难兼而来哲所宜用心者也。夫士患不学,学矣而或不能行,此必儒生掌故之流,稽研章句无益治道"[3]。而如此征实有裨益于世之书,"其曰略者,即渔仲所云条其纲目而名之也,犹之乎书也志也,而见其识大之义也"[4]。将朱健《古今治平略》方之郑樵的《通志》,可睹明末学者心目接受的郑樵的形象。

---

[1] 《明史》卷252《杨昌嗣传》,北京:中华书局1974年,第6525页。
[2] 〔清〕赵翼:《廿二史札记》卷35"明末书生误国"条,北京:中华书局,1984年,第806页。
[3] 〔明〕陈子龙:《陈子龙全集》中,北京:人民文学出版社,2011年,第1112—1113页。
[4] 〔明〕陈子龙:《陈子龙全集》中,北京:人民文学出版社,2011年,第1113页。

第二章　明清学术思潮与对郑樵的接受

二、汉宋门户与清代学者对郑樵的接受

郑樵的学术形象到了清中期，也就是乾隆、嘉庆时期，又开始有了新特点。学者们所接受的郑樵，受所崇尚的汉、宋治学不同路数的影响，此时开始呈现出两个极端。

早在明清之际，新的学风就已露出端倪，但尚未在社会形成气候。按照清末皮锡瑞的说法："国初，汉学方萌芽，皆以宋学为根柢，不分门户，各取所长，是为汉、宋兼采之学。"[1] 直至清乾隆初年，虽专注训诂考据之风已闻嚆声，但总体取向上，仍基本依循明清之际以来崇经世、求义理、重博通、重史料考核的学术旧轨，也就是说当时还未出现汉、宋门户之争。这些折射于对郑樵的接受，在大多学者的叙述中，郑樵的形象还大都相对正面。学者言及郑樵，每每会冠上"博洽之儒""通儒""良史""负千载卓识""灿然成一家之言,厥功伟矣"等正面修辞。例如潘耒（1646—

---

[1]〔清〕皮锡瑞：《经学历史》，北京：中华书局，1959年，第341页。

1708）在为顾炎武《日知录》所作之序云："自宋迄元，人尚实学，若郑渔仲、王伯厚、魏鹤山、马贵与之流，著述具在，皆博极古今，通达治体，曷尝有空疏无本之学哉？"[1] 从潘耒这篇《序》可以看到，在清初士人心目中，郑樵与王应麟、魏了翁、马端临等宋元学者，都是属于"博极古今，通达治体"的通儒，而顾炎武之《日知录》，亦"意惟宋元名儒能为之"[2]。

与潘耒态度相同者，还可举出杭世骏（1695—1773）。按杭氏生活之时，仍在清初经世实学转向乾嘉汉学的过渡阶段，故杭氏虽长于经史考证，但观念中尚无甚汉宋门户，折射于对郑樵的接受，则仍保持清初时的大致正面形象。今杭氏文集中收有《省试杜氏通典郑氏通志马氏通考总论》一文，其中论及郑樵《通志》，虽亦有批评，但仍称"若其贯串百代，综核异同，练氏族、校六书、正七音，删列史之荒芜，成六经之奥论，则自司马彪、沈约、魏收、于志宁以来

---

[1]〔清〕潘耒：《日知录序》，《日知录集释》卷首，石家庄：花山文艺出版社，1991年，第7页。

[2]〔清〕潘耒：《日知录序》，《日知录集释》卷首，石家庄：花山文艺出版社，1991年，第8页。

第二章 明清学术思潮与对郑樵的接受

一人而已",指出:"总而论之,佑之识正,樵之学博,端临之所见者大……非《通志》无以刊隋以上之芜说累辞……凡此三书,鼎撑角立,废一不可,盖无待于赘述矣。"最终,其文总结曰:"宋人之功慎而密,岂独郑、马云乎哉?金华章俊卿之《山堂考索》,浚仪王伯厚之《玉海》,慈溪黄东发之《日钞》,强探而力索,博闻而多识,其于学也有可观焉。"[1]即所接受的郑樵及宋儒,其形象总体仍属正面。

据史载,杭氏曾于乾隆八年(1743)因对策议及"今上"用人"内满外汉",触及清廷敏感问题,遭革职外放处罚。故此次主考,只能是在此年之前。又杭氏在有限的宦程中,共任科考官两次:一次是在雍正十年(1732),以举人充福建同考官;一次是在乾隆四年(1739)二月,任己未科会试同考官。也就是说,两次都是在汉宋门户尚未呈对立之时,其论自然也就与后来坚守汉学立场、贬抑宋学的学人有所不同了。

---

[1]〔清〕杭世骏:《杭世骏集》,杭州:浙江古籍出版社,2015年,第二册,第326—328页。按关于杭氏第一次充福建同考官之事,杭氏《榕城诗话序》"壬子之岁,余以试举人入闽"句可证(见前引《杭世骏集》第1321页)。第二次任己未科会试同考官事,参见嘉庆四年刻本《清祕述闻》卷15。

关于乾隆最初几年的这种学风，还可以举出乾隆二年（1737）主讲江宁钟山书院的杨绳武制定的书院规约。该规约凡十一条：曰先励志，曰先立品，曰慎交游，曰勤学业，曰穷经学，曰通史学，曰论古文源流，曰论诗赋派别，曰论制义得失，曰戒抄袭倩代，曰戒矜夸忌毁。其中"穷经学"曰："大抵汉儒之学主训诂，宋儒之学主义理，晋唐以来都承汉学，元明以后尤宗宋学，博综历代诸家之说，而以宋程朱诸大儒所尝治定者折中之，庶不囿乎一隅，亦无疑于歧路。""通史学"曰："要而论之，文笔之高，莫过于《史》《汉》，学问之博，莫过于郑渔仲、马贵与，而褒贬是非之正，莫过于朱子《纲目》。师子长、孟坚之笔，综渔仲、贵与之学，而折衷于朱子之论，则史家才学识三长无以复易矣。"[1]

从上述杭世骏、杨绳武的基本态度看，可知清初人对郑樵及宋儒的基本认识，一直要沿续到乾隆初年。那时，虽士人因遭"夷"变"夏"而产生的"夷夏"情结已日渐消磨，但汉宋学术门户间的芥蒂却还没有明

---

[1]〔清〕杨绳武：《钟山书院规约》，《昭代丛书》辛集别编之卷16，世善堂藏版。

第二章　明清学术思潮与对郑樵的接受

朗，反映在治学上，士人大都还是依循"兼采"的旧途。例如姚际恒（1647—约1715）《诗经通论自序》在论及《诗序》即称："予谓汉人之失在于固，宋人之失在于妄。"即汉儒、宋儒各有其弊。然而，"乾隆以后，许、郑之学大明，治宋学者已尠，说经者皆主实证，不空谈义理，是为专门汉学。"[1] 随着专主训诂考据的汉学风盛，汉、宋门户渐深，遂渐渐影响到对于郑樵的接受。例如戴震（1724—1777）便称郑樵"贼经害道"[2]，可以说是贬低之至了。

清乾嘉汉学极盛之时，因汉、宋治学理念而构成的门户畛域，今天已难理解，但当时的事实确实如此。对于当时的学者来说，一涉及学术，往往随便就引出了汉宋之间，性命义理与学术取向不同的问题，其积习之深，不仅那些如惠栋（1697—1758）、戴震（1724—1777）、王鸣盛（1722—1797）、钱大昕（1728—1804）等考据名家如此，即使是一般士子，亦在不经意间有所流露。例如，凌廷堪（1755—1809）在给谢启昆

---

[1] 〔清〕皮锡瑞：《经学历史》，北京：中华书局，1959年，第341页。
[2] 〔清〕戴震撰，赵玉新点校：《戴震文集》卷9《与任孝廉幼植书》，北京：中华书局，1980年，第138页。

(1737—1802)一本与汉宋之学毫无关系的《西魏书》所作序即说:"夫班、马以降,纪载迭兴;自宋逮元,史法渐失。主文辞者其弊或至于空疏,寄褒贬者厥咎遂邻于僭妄,虽家自谓继龙门之轨,人自谓续麟经之笔,然求诸体例,寻其端委,罕有当焉。"[1] 随口就牵引出汉宋门户的问题,并旗帜鲜明地表明自己的学术立场是在汉学一边,而对宋儒之学则深不以为然。

尽管在治学路数上,郑樵与专主性命义理的宋儒并不尽同,但宋汉门户仍殃及学人对他的接受。例如以考据见长,被后世称为有清"一代儒宗"的钱大昕,就不时在批评郑樵之时,连及对宋儒的批评。如在一封给王鸣盛的书信中,其所谈回应的,本是王氏说他的一些研究于顾炎武、朱彝尊、胡渭、何焯等人的学术观点"间有驳正,恐观者以试诃前哲为咎"的问题,但钱大昕对这问题的回复,则于数语之后,竟笔锋一转,径直指向宋儒,曰绝"不可效宋儒所云'一有差失,则余无足观'耳",进而又于文尾再次一转笔锋,指向郑樵曰:治学最忌者,乃"古人本不误,而吾从而误

---

[1] 〔清〕凌廷堪:《校礼堂文集》,北京:中华书局,1998年,第347页。

第二章　明清学术思潮与对郑樵的接受

驳之，此则无损于古人，而适以成吾之妄。王介甫、郑渔仲辈皆坐此病，而后来宜引以为戒者也"[1]。在钱大昕看来，郑樵所代表的就是宋儒的学风，其学术表现为"好异而无识"[2]。而在对郑樵与宋儒的接受上，同为考据巨匠的王鸣盛，与钱大昕亦可谓同声相应同气相求，皆站在汉学立场批评郑樵。例如，其《蛾术编》卷五十七《说人》七"沈田子（沈）林子传"条云："杭州卢绍弓来札，云《通志》采《南史》有《沈田子林子传》，今《南史》无之，窃疑无此事，殆必（沈）约《（宋书）传》所附耳，予深恶郑樵之妄，于《通志》屏而不观，未知果若何。"[3] 总之，在乾嘉时期坚守汉学门户的学者看来，虽"杜佑《通典》马端临《通考》郑樵《通志》三书皆史志之总汇也"，但相较而言，"惟郑樵学识浅陋颇多纰缪"[4]。

关于汉宋门户于所接受之郑樵的影响，表现直接者，莫过于揭起皖派汉学旗帜的戴震与史家章学诚。

---

[1]〔清〕钱大昕：《潜研堂集》，上海：上海古籍出版社，1989年，第636页。
[2]〔清〕钱大昕：《十驾斋养新录余录》，上海：上海书店，1983年，第331页。
[3]〔清〕王鸣盛：《蛾术编》，北京：商务印书馆，1958年，第853页。
[4]〔清〕洪颐煊：《筠轩文钞》卷2，民国二十三年（1934）邃雅斋丛书本。

郑樵学术接受史之分析

据章学诚自述，乾隆三十八年（1773），章学诚以后学再次往谒时号称汉学祭酒的戴震。这次章、戴会面，所讨论问题的中心，正是郑樵的《通志》。对此后来章学诚回忆说："癸巳在杭州，闻戴徵君震与吴处士颖芳谈次，痛诋郑君《通志》，其言绝可怪笑，以谓不足深辨，置弗论也。"[1] 至于戴震如何痛诋郑樵学术，章学诚并没有具体记载，但戴震于郑樵学问一贯不以为然确是事实，因为戴氏曾在其《续天文略》中讪笑郑樵曰："盖天文一事，樵所不知，而欲成全书，固不可阙而不载，是以徒袭旧史，未能择之精语之详也。"[2] 此外章学诚的回忆，还谈到他对戴震诋毁郑樵的观点，说当时"颇有訾警"，并"因假某君叙说，辨明著述源流，自谓习俗浮议，颇有摧陷廓清之功"[3]。这里章学诚是怎么为郑樵辩护的，该文并没有详叙，但他的基本意见，大致还是可以在《文史通义·申郑》中得一窥。《申郑》篇云：

---

[1] 〔清〕章学诚著，叶瑛校注：《文史通义校注》"内篇"五《答客问上》，北京：中华书局，1985年，第463—464页。
[2] 〔清〕戴震：《戴震全书》，合肥：黄山书社，1995年，第四册，第34页。
[3] 〔清〕章学诚著，叶瑛校注：《文史通义校注》，"内篇"五《答客问上》，北京：中华书局，1985年，第470页。

第一章　明清学术思潮与对郑樵的接受

　　子长、孟坚氏不作，而专门之史学衰……郑樵生千载而后，慨然有见于古人著述之源，而知作者之旨，不徒以词采为文，考据为学也。于是遂欲匡正史迁，益以博雅，贬损班固，讥其因袭，而独取三千年来遗文故册，运以别识心裁。盖承通史家风，而自为经纬，成一家言者也。学者少见多怪，不究其发凡起例，绝识旷论，所以斟酌群言，为史学要删，而徒摘其援据之疏略，裁剪之未定者，纷纷攻击，势若不共戴天。古人复起，奚足当吹剑之一吷乎？……夫郑氏所振在鸿纲，而末学吹求，则在小节。是何异讥韩、彭名将，不能邹、鲁趋跄；绳伏、孔巨儒，不善作雕虫篆刻耶？夫史迁绝学，《春秋》之后，一人而已……自迁、固而后，史家既无别识心裁，所求者徒在其事其文。惟郑樵稍有志乎求义，而缀学之徒，嚣然起而争之……郑君区区一身，僻处寒陋，独犯马、班以来所不敢为者而为之，立论高远，实不副名；又不幸而与马端临之《文献通考》并称于时，而《通考》之疏陋，转不如是之甚。末学肤受，本无定识，从而抑扬其间，妄相拟议，遂与比类纂辑之业，同年而语，而衡短论长，岑楼寸木且有不敌之势焉，岂不诬哉！[1]

这里，章学诚称："郑樵生千载后，慨然有见古人著述之源，而知作者之旨，不以词采为文，考据为学也。"其中亟言郑樵学术之长，而不以所谓汉学的追求为意。章氏为郑樵辩护的类似言论，亦可在《答客问》《释通》诸篇中寻得踪迹。如《释通》即说："若郑氏《通志》，卓识名理，独见别裁，古人不能任其先声，后世不能出其规范，虽事实无殊旧录。"[2]其对郑樵的推崇不可谓不高。

戴、章二氏在郑樵的接受上之所以枘凿，根本在于对汉宋治学路径的认同不同。戴震如前揭，乃是张

---

[1] 〔清〕章学诚著，叶瑛校注：《文史通义校注》"内篇"五《申郑》，北京：中华书局，1985年，第463—464页。按民国嘉业堂《章氏遗书》本较此本于"不善作雕虫篆刻耶"与"夫史迁绝学"之间，多"某君治是书也，援据不可谓不精，考求不可谓不当，以此羽翼《通志》，为郑氏功臣可也。叙例文中，反唇相讥，攻击作者，不遗余力，则未悉古人著述之义，而不能不牵于习俗猥琐之见者也"70余字。

[2] 〔清〕章学诚著，叶瑛校注：《文史通义校注》"内篇四"《释通》，北京：中华书局，1985年，第376页。

第二章　明清学术思潮与对郑樵的接受

大汉学者，而章氏则力倡独断义理之学，自诩是宋明浙东学术传人，曾作《朱陆》合"道问学"与"尊德性"两途，而为宋明之学辩护[1]。称自己："至论学问文章，与一时通人全不相合。盖时人以补苴襞绩见长，考订名物为务，小学音画为名；吾于数者皆非所长，而甚知爱重。咨于善者而取法之，不强其所不能，必欲自为著述以趋时尚，此吾善于自度也……吾之所为，则举世所不为者也。"[2]虽未见自称"宋学""理学"，但不

---

[1] 《朱陆》："治学分而师儒尊知以行闻，自非夫子，其势不能不分也。高明沉潜之殊致，譬则寒暑昼夜，知其意者，交相为功，不知其意，交相为厉也。宋儒有朱、陆，千古不可合之同异，亦千古不可无之同异也。末流无识，争相诟詈，与夫勉为解纷，调停两可，皆多事也。然谓朱子偏于道问学，故为陆氏之学者，攻朱氏之近于支离；谓陆氏之偏于尊德性，故为朱氏之学者，攻陆氏之流于虚无；各以所畸重者，争其门户，是亦人情之常也。但既自承朱氏之授受，而攻陆、王，必且博学多闻，通经服古，若西山、鹤山、东发、伯厚诸公之勤业，然后充其所见，当以空言德性为虚无也。今攻陆王之学者，不出博治之儒，而出荒俚无稽之学究，则其所攻，与其所业相反也。问其何为不学问，则曰支离也。诘其何为守专陋，则曰性命也。是攻陆、王者，未尝得朱之近似，即伪陆、王以攻真陆、王也，是亦可谓不自度矣。"又按：关于戴震与章学诚二人之间学术观点分歧的公案，详参〔美〕余英时《论戴震与章学诚》一书，而此书在国内亦曾出版有多个版本。

[2] 〔清〕章学诚：《文史通义》"外篇"三《家书二》，民国嘉业堂《章氏遗书》本。

屑那些标榜"汉学"、专以训诂考据为能事的学者的态度则是显然。

　　清代中期因汉宋门户，抨击宋儒而连及批评郑樵的情况，应该相当普遍。即使是一般的学者，也往往于提及郑樵之时，牵连出汉宋学的问题。例如恽敬（1757—1817）就在与朋友的书信中批评郑樵"《通志》叙次《小戴记》，斥之曰身为赃吏，子为贼徒，而引《汉书·何武传》为证"。并力辨其非，称："武非纵盗，则九江之子非盗党也，此盖汉法连坐，其子之宾客为群盗，故子系庐江，缘汉人市好客名，多通轻侠耳。渔仲斥之曰贼徒，如斥九江受赃失事实矣，可哂也！"而接下来却将笔锋一转，将矛头直指宋儒曰："北宋以后，儒者喜刻深，而读书又不循始终，即妄为新论，专以决剔前人瑕累为快……如后此有数十年暇日，当遇事为古人分疏，勿使渔仲诸人陷溺昔儒，诖误后学也。"[1] 将郑樵的形象与对宋儒宋学的认知叠加到了一起。又如纪昀所撰《四库全书总目》的《通志》提要，

---

[1]〔清〕恽敬：《大云山房文稿》二集卷2《与宋于廷书》，四部丛刊景清同治本。按：凌扬藻（1760—1845）《蠡勺编》卷21有"《通志》"一条，亦全录此文。

第二章　明清学术思潮与对郑樵的接受

也是在历数《通志》种种编纂不当后，评之曰："盖宋人以义理相高，于考证之学罕能留意。樵恃其该洽，睥睨一世，谅无人起而难之，故高视阔步，不复详检，遂不能一一精密，致后人多所讥弹也。"[1]同样是将郑樵的学术认知，扯上汉宋学的门户。

除一般性学术问题外，由于清中期兴盛的考据主要围绕着经学展开，所以在对郑樵的学术问题中，值得专门提出的，是有关《毛诗序》的问题。

《毛诗序》又简称《诗序》，关于它的作者及内容，自汉晋以来一直有所争议。到了宋代，在疑古思潮的影响下，反《诗序》的声音越来越大，北宋时还是怀疑，到了南宋竟直接被一些学者所抛弃。在这中间，郑樵的《诗辨妄》对《诗序》的诘难影响最大。此后，其观点先后受到程大昌、王柏、王质及朱熹等学者的接受与发挥。尤其是朱熹所作《诗序辨说》，因附在被统治者用来作取士标准的《诗集传》之后，社会影响极大。然而到了清代，随着标榜汉学反对宋学之风起，一股非难郑樵、朱熹之说，回复到毛、郑《传》《笺》之旧

---

[1]《四库全书总目》卷50郑樵《通志》提要，北京：中华书局，1962年，第448—449页。

的思潮兴起，于是，有关《诗序》的辩论也就成了评价郑樵的一个热点。如纪昀《四库全书总目》卷四十郑樵《尔雅注》提要曰："南宋诸儒，大抵崇义理而疏考证，故樵以博洽傲睨一时，遂至肆作聪明诋諆毛、郑，其《诗辨妄》一书，开数百年杜撰说经之捷径，为通儒之所深非。"[1] 乾隆间进士范家相，也是站在汉学立场，指斥郑樵等宋人《诗》学研究之弊云："郑渔仲讥汉人讲《诗》，专以义理相传，而《诗》之本以失。予谓宋儒传经，专以义理上薄汉唐。樵正如是而反贬汉人，何耶？汉之传笺训故，诚不免于穿凿，然尚不以空言相臆度而失《诗》之本也，以义理空为臆度，则考据失而诗之本益离。"[2]

此外，除学术立场与对郑樵接受的复杂性外，我们也注意到了郑樵接受史中的历史因素。由于义理阐发与经义文字的训诂考据本是密切联系的两面，而人作为追求意义的动物，单纯的训诂考据并不能满足人

---

[1] 《四库全书总目》卷40郑樵《尔雅注》提要。北京：中华书局，1962年，第339页。
[2] 〔清〕范家相：《诗瀋》卷2"集传二"，文渊阁四库全书本。上海：上海古籍出版社，1986—1990年影印版，第88册，第614页。

第二章 明清学术思潮与对郑樵的接受

们对追求义理的心理诉求,惟因如此,即使是在考据最盛之时,一些有思想的考据大家,如戴震等,仍难掩其内在的对于义理追求的冲动。于是随着时间的推移,到了嘉庆后期,一些学者的治学,逐渐开始出现不拘汉宋门户的取向,其中最能体现时代学术变化的代表,莫过于提出"崇宋学之性道,而以汉儒经义实之"观点的阮元(1764—1849)。阮元认为:"两汉名教,得儒经之功;宋明讲学,得师道之益,皆于周、孔之道得其分合,未可偏讥而互诮。"[1]其时,阮氏以朝廷大员兼学林领袖而倡言汉宋兼综,学界风气亦随之丕变[2]。于是于郑樵的接受,也就有了新的取向。例如时目录学家,曾就学阮元,入诂经精舍参与修辑《经籍籑诂》的周中孚(1768—1831),即有"就唐以前言之,

---

[1] 〔清〕阮元:《揅经室一集》卷2《拟国史儒林传序》,北京:中华书局,1993年,上册,第151页。

[2] 〔民国〕徐世昌《清儒学案·心巢学案》有总结清代学术语,称:"道、咸以来,儒者多知义理、考据二者不可偏废,于是兼综汉学者不乏其人。"(见中国书店影印本《清儒学案》册4第336页)按:时持此说者颇多,如平湖朱壬林(1780—1859)即云:"汉学、宋学,不宜偏重,学以穷经求道,一而已矣,本无所谓汉宋之分。"(《小云庐晚学诗文稿》卷2《与顾访溪徵君书》);安徽胡承珙(1776—1832)亦有"治经无训诂、义理之界,为学欲无汉宋之分"说(《永是堂诗文集》卷4)。

若必欲合数代为史，方成著作，然则亦当弃'十七史'，而独尊郑樵《通志》矣"之说。[1]

当然，当我们揭示汉宋门户与对郑樵的接受之联系时，我们也注意到，即使是考据之风最盛、汉宋门户最被强调的乾嘉时期，亦有一些学者在接受郑樵之时，并没有像那些执着"汉学"尺度的学者那样，将对郑樵的评价牵强与"宋学"相系，而是采取一种调和、折中的立场认识和评述郑樵。如乾隆年间的金石考据大家王昶（1725—1806），其《示长沙弟子唐业敬》，不仅在经学研究上肯定宋明学者的价值[2]，亦于史学称："杜佑《通典》、郑樵《通志》、马端临《通考》、王圻《续通考》，此汇史志而成者，千古天文、地理，

---

[1] 〔清〕周中孚：《郑堂札记》卷3，清光绪刻仰视千七百二十九鹤斋丛书本。按：周中孚所接受的郑樵相当的矛盾，例如他的《郑堂读书记》卷18史部四"别史"《通志》条云，"两宋三百余年，未有如（郑）樵之大言欺人者"，认为郑樵"之于杜（佑）、马（端临）两家，如猪之于龙"。一人竟持如此矛盾观点，认识发展了？见《郑堂读书记》民国吴兴丛书本。

[2] 如于《周易》，称"由辅嗣逮于程、朱，而义理始畅"；于《尚书》，称"宗九峰（宋之蔡沉）"，称"自朱子致疑古文之伪，其后草庐（元之吴澄）、楚望（明之郝敬）及阎百诗诸君为之条分节解，互相矛盾，亦不可不疏通"；于《诗经》，推宋吕成公祖谦、严华谷；于乐律，推宋之司马光、范镇、陈旸，明韩邦奇等。

以及民生国计，因革利弊，皆在于是，不读此不足成经世大儒。"[1] 至于一些不以考据相高的文士，对郑樵的接受，则从言论中也看不出什么汉宋门户之争的影响。如戏曲家李调元（1734—1803），言及郑樵，甚至将之与程朱并称曰："莆田郑樵渔仲为宋名儒，其著作与程朱诸人相辉映。"[2] 则这又可能除了言者本身所学于汉宋门户无涉外，也与清廷接受的郑樵的一般形象有关。

三、清廷建构的郑樵形象与地方视域中的郑樵

言及清中期这种不拘汉宋门户地接受郑樵学术的取向，还有一个不能不提的方面，这就是清朝廷。掌握意识形态话语权的清廷，对于社会的导向，其影响还是很明显的。

清廷接受郑樵的形象，明显涂有试图超越汉、宋

---

[1] 〔清〕王昶：《春融堂集》卷68，上海：上海文化出版社，2013年，第1129页。
[2] 〔清〕李调元：《童山集》文集卷13《郑夹漈遗集跋》，清乾隆刻函海道光五年增修本。

学门户的官方色彩。从明朝末年开始，国家的意识形态，实际面临着两层重建：一方面，是面临着如何重建因王阳明及其后学的冲击而瓦解的意识形态——程朱理学，改变士人追求思想多元化的趋势；另一方面，又必须回应极端的王学流行而导致的社会反智倾向，回应明末出现的反反智主义的实学思潮。这两个方面，也是与清廷"以夷入夏"后，如何获取认同及合法性这个重大问题有联系的问题。深思熟虑的结果，就是超然于学术门户的汉宋之争，在以各种方式强化理学意识形态统治地位，宣称"朱子之道即吾帝室之家学也"的同时[1]，亦对明末以来士人对于追求知识而发展起来的经典考据不置可否，甚至自己亦以博学自炫，以编纂各种大型史著以及类书、丛书等，达到强化其中华文脉承继者之地位的目的。以这样的姿态所接受的郑樵，自然会不同于那些坚守汉宋门户的学者所接受的形象。关于清廷接受的郑樵的形象，最直接的体现是《通志》的校勘出版。

据《国朝宫史》记载：乾隆十二年（1747），在完

---

[1] 〔朝〕朴趾源：《热河日纪》卷4《审势篇》，上海：上海书店出版社，1997年，第218页。

第二章 明清学术思潮与对郑樵的接受

成校刻《十三经》《二十一史》后,乾隆帝又"命经史馆诸臣校刊"《通典》《通志》《文献通考》。认为"汲古者并称'三通',该学博闻之士所必资"[1]。其中具体到郑樵《通志》,乾隆不仅在重刻《通典》序中有过比较,认为郑樵学术的特点,是"主于考订,故旁及细微"外,更在重刻《通志》序中说"宋郑樵氏以闳通之学,思欲极古今之变,会通于一"。其"所撰二十略者,包罗天人,错综政典,该括名物,上下数千年,首尾相属,用功亦良勤矣"。与此同时,乾隆帝亦指出郑樵学术的不足,认为"不能为之讳",最后议论曰:"夫博物洽闻之士,殚毕生之精力,从容几研,囊括贯串,勒为成书,宜其援据精而条理密,顾纪事纂言,尚不免于纰缪,若此岂非所谓多而不能无失者欤?而况设局分曹,成于众手,动淹岁序,举后忘前,亥豕鲁鱼,触目而是,任操觚者其可不知所惧也乎?"[2]即将郑樵《通志》的疏漏,归之于著述之难。

---

[1] 〔清〕鄂尔泰、张廷玉等:《国朝宫史》卷35,北京:北京古籍出版社,1994年,第671页。
[2] 〔清〕鄂尔泰、张廷玉:《国朝宫史》卷35,北京:北京古籍出版社,1994年,第672—673页。

乾隆帝这种以统治者立场超越汉宋门户的对郑樵的评议，也为官方接受的郑樵的基本形象定下了调子，决定了一般官方对郑樵的解读，不管具体著作的撰述者的学术倾向，是汉还是宋哪家立场。例如，曾任《四库全书》总纂修官的纪昀晓岚，虽所学本在宗汉儒，长考证。但于官修《四库全书总目》的《通志》提要中，尽管历数《通志》诸略编纂不当和抄袭疏略，极言："盖宋人以义理相高，于考证之学，罕能留意。樵恃其该洽，睥睨一世，谅无人起而难之，故高视阔步，不复详检，遂不能一一精密，致后人多所讥弹也。"但于最后，仍不得不依照乾隆帝定下的调门称："通史之例，肇于司马迁……其例综括千古归一家言。非学问足以该通，文章足以熔铸，则难以成书……故后有作者，率莫敢措意于斯。樵负其淹博，乃网罗旧籍，参以新意，撰为是编。"称郑樵"特其采摭既已浩博，议论亦多警辟。虽纯驳互见，而瑕不掩瑜，究非游谈无根者可及"

第二章　明清学术思潮与对郑樵的接受

云[1]。完全是按照乾隆帝的口吻,将郑樵的疏漏归因于著述之难。

以乾隆帝为代表的清廷接受的郑樵的学术形象,除为代表朝廷立场的官修史书定下调门外,也直接决定清廷了科举取士的标准答案。这里可以举出吴省钦(1729—1803)的乾隆三十五年(1770)广西乡试的策问为例。该策问第二问史学曰:

> 问自古载籍极博,诸史而外,足以备历朝之掌故,括百氏之源流,大而制度典章,细而名物、象数,综甄毕具者,大要莫如"三通"。名为"通"何与?……斯三者增损因革分门果何似与?……我皇上右文稽古,嘉惠士林,特命词臣校正"三通",并续成《通考》。近复敕《通典》《通志》一体开馆续修,甚盛典也。诸生涵泳圣涯,

---

[1]《四库全书总目》卷50郑樵《通志》提要,北京:中华书局,1962年,第449页。纪昀这种接受郑樵的取向,也是迎合清廷统治者超然汉宋门户的意识形态要求,例如《四库全书》经部总叙在评议汉宋学术时说:"夫汉学具有根柢,讲学者以浅陋轻之,不足服汉儒也;宋学具有精微,读书者以空疏薄之,亦不足服宋儒也,消融门户之见,而各取所长,则私心祛而公理出,公理出而经义明矣。"内心虽倾向汉学,但在官修书籍中却出现首鼠两端、闪烁其辞的表述。

他日皆有珥笔编摩之任，其以素所研辨者，剖析言之毋隐。[1]

从其所作策论看，于郑樵《通志》虽有批评，但是一切提问，皆纯就史学言，通论"三通"，尽管是在汉学最盛的时代，所论亦绝无涉汉宋门户之言。

上述这些相对正面的郑樵形象，是朝廷官方给与的，但对于一些人来说，接受这样的郑樵形象可能多少有些不情愿，如崇奉汉学的纪昀。在郑樵家乡的士人看来，其所接受的郑樵，就完全是另一番面目了。这里且不说地方史叙述中的郑樵形象，仅就一般士人的认识而言试举几个例子：

其例一：乾隆十五年（1750）前后仍在世的福建闽县人郭起元，有《介石集》传世，其中有《莆中使院徐星友约同访夹漈草堂不果怅然有作》一诗曰："曩哲垂绪言，由博斯返约；目不穷万卷，奚称道问学？莆中郑渔仲，古今罗橐籥；缉成通典书，儒者资考索；挽近学术陋，见闻日浅薄……此地夹漈乡，瓣香欣有

---

[1] 〔清〕吴省钦：《白华前稿》卷20，国家清史编纂委员会编《清代诗文集汇编》，上海：上海古籍出版社，2010年，第371册，第387页。

第二章　明清学术思潮与对郑樵的接受

托……"[1]

其例二：有福建侯官人陈寿祺（1771—1834），虽曾师事阮元，且与钱大昕、段玉裁等朴学大师往来，治经一取汉学之径，然言及乡贤，亦改口吻曰："吾乡自宋以来，学者奉朱子为大师，百世无异议。如吴才老之于《尚书》，陈用之、晋之于《礼》《乐》，黄文肃、敖君善之于《仪礼》，苏魏公之于律算，郑渔仲之于《通志》，陈季立之于《诗》音，黄漳浦、何元子之于古《易》，皆渊综闳眇，负千载卓绝之识。"[2]

郑樵接受者的地方主义立场，亦影响到曾在福建地方任官的官员。例如彭蕴章（1792—1862），其籍虽是江苏长洲，但因曾任福建学政，故论及学术，也说："闽故多理学经术之士，晦翁、渔仲、高䴵，千秋漳浦、安溪，羽仪近代，宜其操行卓绝，表峻节于崇山，汲古渊深，挹洪波于沧海。乃迩日士林渐少根柢，以予按试所至，词赋不乏可观，而说经之士寥寥焉。至于励儒行，矜名节，嗣先贤之芳躅，矫末俗之浇风者，

---

[1] 〔清〕郭起元：《介石堂集》诗集卷7《莆中使院徐星友约同访夹漈草堂不果怅然有作》，清乾隆刻本。

[2] 〔清〕陈寿祺：《左海文集》卷9《乡贡士·海何君墓志铭》清刻本。

犹时或遇之,以此叹前贤之流泽长也。"[1] 可见地域在人物品评中的间接影响,对于郑樵的接受与形象塑造,同样是不可忽视的一个方面。这也是我们分析郑樵学术接受史所需注意的一个方面。

---

[1] 〔清〕彭蕴章:《归朴龛丛稿》卷6《虚谷文集序》,国家清史编纂委员会编《清代诗文集汇编》,上海:上海古籍出版社,2010年,第557册,第637页。

第三章 20世纪前期新史学郑樵接受史之分析

如绪论所述接受美学的理论，文本的意义，是读者在具体的阅读中不断生成的。作为文本接受者的阅读者，其意识取向，对于文本意义的确立，起着不容忽略的作用。读者阅读时，阅读者的社会情境，在构成其阅读期待的同时，也构成了他对文本理解的"前理解"，形成历史文本与现实认知之间的张力，进而影响到他对文本的意义阐释与价值评判。言及作品文本的接受者，即读者的阅读语境的变化之大，莫过于20世纪新史学的提出。对于郑樵及其接受史来说，当我们按照接受美学的理论，转换认识的空间立场，将视线从对文本自身意义的探求转向读者，分析郑樵在20世纪，这个经历了千年未有之变局的新时期，所展现的被接受的历史,就会发现,郑樵的形象和精神,完全为当时的学人,以新的学术思想作出与南宋以来所有时期完全不同的解读。

一、20世纪前期郑樵接受史

思想学术史的叙述,近来常被人戏称为"点鬼簿"。而这"点鬼簿"的名单,也被认为是不固定的——历史上的学人能否置身其中、在簿中的位置如何,皆由思想学术史的书写者或后来的文本接受者决定。在中国古代史学史上,郑樵这位穷一生潜心学术的平民学者,虽生前即以所撰200卷纪传体通史《通志》引得世人瞩目,但是从后世的接受历史看,其在史学史谱系所处位置,却并不那么显赫。按照顾颉刚的说法,"从他的当世,直到清代的中叶,他一向担负了不良的声望";"虽有《通志》放在'三通'之内,但大家的眼光只看'三通'里最坏的一部"[1]。然而,这个除少数人,如章学诚等,一直不为人看好郑樵,却在进入20

---

[1] 顾颉刚:《郑樵传》,北京《国学季刊》第1卷第2期(1923年),第309页。

第三章 20世纪前期新史学郑樵接受史之分析

世纪后发生了重大变化,不仅批评之声不再,学术声誉也被抬到空前的高度,这不能不说是个值得注意的问题。

述及20世纪前期新史学对郑樵的接受史,毫无疑问,首先应提及的是首倡"新史学"的梁启超。其时甫入20世纪三年,历史的步履,尚蹒跚于清朝的门槛内,梁氏就在《新民丛报》创刊号上,发表了措辞激烈的长文《新史学》,继上一年发表的《中国史叙论》之后,明确揭出"新史学"大纛。然而值得注意的是,梁氏在痛批中国史学种种弊端,尤其是所谓中国史学"能因袭而不能创作""万事皆取述而不作"的同时,却竭力推崇郑樵等人,称在中国史学发展的漫漫2000余年间,堪称史学家"稍有创作之才者",有司马迁、杜佑、郑樵、司马光、袁枢、黄宗羲等六人。文中,梁启超虽也指出郑樵的不足,曰:"史才不足以称之……为太史公所困,以纪传十之七八,填塞全书,支床叠屋,为大体玷。"但就整个中国史学史看,梁启超仍认为"夹漈之史识,卓绝千古",尤其是郑氏《通志》中的"《二十略》,以论断为主,以记述为辅,实为中国史界放一光明也"。[1]

梁启超《新史学》发表不久,也就在那一年的八月,郑实在其主编的《政艺通报》第12期上,发表《史学通论》,提出了"中国无史"之说。文章在高度赞扬梁启超提出的新史学,是"扬旗树帜,放大光明于二十世纪中国史学界上,以照耀东洋大陆"的同时[2],亦承梁氏批判中国史学的观点,认为中国一切旧史,"司马氏父子而后","盖中绝矣"。所有者,不过"朝史耳,而非国史;君史耳,而非民史;贵族史耳,而非社会史。统而言之,则一历朝之专制政治史耳"。[3]

梁、邓二氏对中国史学激进的否定言论,犹如巨石投水,一经发表,即在学界激起涟漪,亦必然地遭到一些学人驳斥。也就在邓实痛陈"中国无史"之文

---

[1] 梁启超:《新史学》,《饮冰室合集·文集》之九,北京:中华书局,1989年,第6页。
[2] 邓实:《史学通论》,上海《政艺通报》第13期,光绪二十八年(1902)八月初一日。
[3] 邓实:《史学通论》,上海《政艺通报》第12期,光绪二十八年(1902)七月十五日。

第三章 20世纪前期新史学郑樵接受史之分析

发表仅两阅月，其同道马叙伦[1]，即针对邓实和梁启超的文章，在《新世界学报》发表《中国无史辨》，为中国史学辩护。其文虽也认为"大抵中国旧史所谓史者，第得之故府所藏，朝廷所录，某官、某日诏对，填满箱筐，无非一特别主义人之言"，大多没什么价值，但对梁、邓二氏所谓"二十四史非史也，二十四姓之家谱而已"的观点并不认同，声称"吾有疑乎其言"，且"正告我同胞曰：中国固有史"矣！[2]

关于马叙伦《中国无史辨》对中国旧史学的辩护，我们这里并无意探讨。我们仅从郑樵接受历史来看，其中值得注意者，乃马氏所特拈出《史记》和《通志》两大史著，以佐证其中国并非无史的观点。按其中所举司马迁《史记》之例，可谓毫无争议。因司马迁历来有"中国史学之父"之誉，《史记》在中国学术史上亦一直地位崇高，且梁、邓二氏也认为《史记》与其后的史学不同。但是于两千余年汗牛充栋的史著中，

---

[1] 《政艺通报》创刊于光绪二十八年（1902），系中国最早宣传国粹的综合性刊物，邓实、马叙伦先后任主编并刊发大量文章，故邓、马二氏可称"同道"。

[2] 马叙伦：《中国无史辨》，上海《新世界学报》第5期，光绪二十八年（1902）十月初一，第39页。

独独将《通志》与《史记》并举同列，认为郑樵"与马迁上下辉映"，其《通志》"与《史记》后先相望"，同为中国史学史中"空前绝后的大著作"[1]。这样的学术定位，在整个郑樵接受历史中，不能不谓之空前，远高于之前梁启超视郑樵为中国六大史家之一的定位。此外，马叙伦所接受的郑樵，不同于梁启超仅肯定《通志》中的《二十略》而贬低《通志》纪传的观点，而是对《通志》之纪传与略，皆给予了相当的肯定，称："夫樵生学术泯晦之际，上下古今，详人所略，辟百代之精义，彼诚无愧于'通'哉！"[2]

此时对郑樵的接受，值得提出的学术大家还有章太炎炳麟。甫梁启超《新史学》发表，章氏即与之书信往还，商议修《中国通史》事。其中这年6月有信云："窃以今日作史，若专为一代，非独难发新理，而事实亦无由详细调查。惟通史上下千古，不必褒贬人物、

---

[1] 马叙伦：《中国无史辨》，上海《新世界学报》第5期，第40页。按：早在此文之前，马氏即在《新世界学报》第1期《史界总论》之文中推崇郑樵，称："史氏之命根也，独其'四德'而为百世所仰者，其惟《春秋》，继之者抑司马子长之《史记》、郑氏夹漈之《通志》乎？"详该刊第37页。

[2] 马叙伦：《中国无史辨》，上海《新世界学报》第5期，第40页。

第三章 20世纪前期新史学郑樵接受史之分析

胪叙事状为贵,所重专在典志,则心理、社会、宗教诸学,一切可以熔铸入之。典志有新理新说,自与《通考》《会要》等书,徒为八面锋策论者异趣,亦不至如渔仲《通志》蹈专己武断之弊。"稍后,于是年的9月,章氏亦致信吴君遂称:"太史知社会之文明,而于庙堂则疏;孟坚、冲远知庙堂之制度,而于社会则隔;全不具者为承祚,徒知记事;悉具者为渔仲,又多武断。"[1] 这些私下的书信议论,可见章炳麟新史学观念观照下的郑樵形象。

又其时不知是否是受马叙伦文章启发,1903年,也就是梁启超发表《新史学》、马叙伦发表《中国无史辨》的第二年,在曾刊发梁氏《新史学》的《新民丛报》第42—43号合刊本上,刊发了一篇署名金华盛俊的长文,题目就是《中国普通历史大家郑樵传》,显现了20世纪前期新史学接受郑樵的另一番情境。

关于盛俊其人其事,今已不能得其详。但是从该文《叙论》所言之"泰西科学以十数,而为中国历史彪炳几千年者,惟有史学……甚者且谓二十四史,非史

---

[1] 以上所引,皆转引自姚奠中、董国炎著《章太炎学术年谱》(太原:山西古籍出版社,1996年),第72—73页。

也，家谱而已。斯言也，吾耻之，吾愤之。吾乃博搜群书，溜（浏）览旧史，馨香顶礼以迎之，而得一历史家于福建兴化莆田县之一夹漈山中。其人维何？即学者所称为夹漈先生郑樵者也"等文字看[1]，虽无只字提及梁启超，但其所作《郑樵传》的锋芒，则显然有针对梁氏《新史学》，及邓实所谓"中国无史"的文化虚无义，主旨乃以郑樵证明中国史学绝非无价值。该文将郑樵称为"中国普通历史大家"，显然是将西方"universal history"观念之冠，戴在了郑樵的头上。也就是说，盛俊是在对西方"universal history"理解的基础上，建构了他对郑樵史学接受的基础，因而其所论及的郑樵，较之梁启超的评价，有了提升。盛俊之《郑樵传》，可以视作是20世纪前期郑樵接受历史的展开。

对于盛俊的评述，梁启超并没有回应，而且有关郑樵史学的话题，学界也未别见新的讨论。此后直到20世纪20年代初，梁启超《历史研究法》出，才再次

---

[1] 盛俊：《中国普通历史大家郑樵传》，日本横滨《新民丛报》第42—43号合刊，光绪二十九年（1903）十月十四日，第69页。

第三章 20世纪前期新史学郑樵接受史之分析

论及郑樵的史学[1]。但此时自谓常"以今日之我,攻昨日之我"的梁启超,因一战后的欧洲之行,对于中国文化的评价,已发生了些积极的变化。其中就对郑樵的接受、解读来说,与《新史学》的基本观点仍大致一致。如在讨论纪传体时,一方面称"宋郑樵生左、马千岁之后,奋高掌,迈远蹠,以作《通志》,可谓豪杰之士也",一方面仍指出"虽然吾侪读《通志》一书,除《二十略》外,竟不能发见其有何等价值……然仅《二十略》,固自足以不朽。史界之有樵,若光芒竟天之一彗星焉"[2]。但这时的评价,值得注意的是,此刻梁启超所接受的郑樵,与十年前将其置于司马迁、杜佑、司马光、袁枢、黄宗羲等叙述性史家之列不同,是将郑樵与刘知幾、章学诚并为一列,称:"自有刘知幾、郑樵、章学诚,然后中国始有史学矣。"[3] 显然,《历

---

[1] 1921年,梁启超在南开大学讲授中国文化史,其中部分讲稿连载于《改造》杂志第4卷第3、4号。1922年,该讲稿以《历史研究法》之名,副题"中国文化史稿第一编",由商务印书馆出版。
[2] 梁启超:《中国历史研究法》,石家庄:河北教育出版社,2003年,第24页。
[3] 梁启超:《中国历史研究法》,石家庄:河北教育出版社,2003年,第26—27页。

郑樵学术接受史之分析

史研究法》强调的是郑樵史学理论的成就,这是否意味着较之当初,梁启超所接受的郑樵,其地位有了提升？此后一直到20年代末30年代中,梁启超这一接受郑樵的立场,基本未变,并直接体现于他的《历史研究法补编》的相关论述中。[1]

也就是在梁启超《历史研究法》刊布前不久的1919年,一场"国故整理运动",在新文化运动精神的催生中诞生。新文化运动是20世纪早期,一群受西方思想影响的知识分子发起的文化革新运动,也是中国近代史上一次重要的思想解放运动。就史学而言,新文化运动,在促进中国史学近代化进一步深入的同时,也影响到对郑樵的解读与接受,使郑樵接受史进入一个新阶段,而其代表,就是举起疑古派旗帜的顾颉刚。

---

[1] 如《补编》云:"中国史学的成立与发展,最有关系的有三个人:一刘知幾;二、郑樵;三、章学诚……此三个人要把史学成为科学,那些著作有很多重要见解。我们要研究中国史学的发展和成立,不能不研究此三人。此三人的见解,无论谁都值得我们专门研究。"见《中国历史研究法》河北教育出版社"二十世纪中国史学名著"本附录《补编》,2003年,第259页。按:《中国历史研究法补编》原为梁启超1926年10月至1927年5月清华学校的授课内容,由周传儒、姚名达笔记,1933年由商务印书馆排印出版。

第三章 20世纪前期新史学郑樵接受史之分析

新文化运动中展开的国故整理运动，对顾颉刚接受郑樵的影响，主要的体现，是对郑樵基于疑古立场的解读。关于这一点，顾颉刚在《古史辨》第一册的自序中有所回忆。自序中，顾颉刚说到自己："在（民国）十年（1921）初春……除了继续点读辨伪的书籍之外，也做了两件专门的工作：其一，是讨论《红楼梦》的本子问题和搜集曹雪芹的家庭事实；其二，是辑录《诗辨妄》连带研究《诗经》和搜集郑樵的事实……《诗辨妄》本是豫备放在《辨伪丛刊》里的，最早从周孚《非诗辨妄》里见到他所引的碎语，就惊讶郑樵理论的勇敢；后来又从《图书集成》内搜到一卷。但两种书中的话冲突的很多，《集成》中的几篇有许多议论竟成了'《诗》护妄'，使我很疑惑。"[1] 就这样，在新文化疑古思想的驱动下，经过一系列文献的清理之后，顾颉刚于1923年，在《国学季刊》上连续发表了《郑樵传》《郑樵著述考》，在《小说月报》发表了《郑樵对于歌词与故事的见解》等一系列文章，形成20世纪以来，继盛俊《中国普通历史大家郑樵传》之后，郑樵接受史中，

---

[1] 顾颉刚：《我是怎样编写〈古史辨〉的》，《古史辨》第一册，上海：上海古籍出版社，1982年，第46—47页。

新史学对其学术的再一次积极的阐释。

在《郑樵传》中,顾颉刚对于郑樵,依据他所理解和接受的形象描述说:"郑樵是中国史上很可注意的人,他有极高的热诚,极锐的眼光,极广的志愿去从事学问。在谨守典型又欠缺征实观念的中国学界,真是特出异样的人物,因为他特出异样,所以激起了无数的反响:有说他武断的,有说他杜撰的,有说他迂僻的,有说他博而寡要的,有说他疏漏草率的,有说他独切切于仕进的。大家没有晓得他的真性情,真学问,随便和他加上几个恶名……"其实"他的一生,研究学问和发挥他所做的学问真勤劳极了,但社会上却没有如何的容纳他,没有给他多大的帮助。他耐着穷,耐着苦,抱着'著述之功由人不由天'的精神,抱着'不辱看来世,贪生托立言'的野心,只管拼命的做上去"。尽管"社会上用了很冷酷的面目对他,但他在很艰苦的境界里已经把自己的天才尽量发展了!我们现在看着他,只觉得一团饱满充足的精神。他的精神不死"[1]!于是在新文化整理国故的新思潮的涌动

---

[1] 顾颉刚:《郑樵传》,北京《国学季刊》第1卷第2期(1923年4月),第309页。

第三章 20世纪前期新史学郑樵接受史之分析

中,郑樵也就以一位在保守的环境中特立独行、富有怀疑精神且勤奋治学、不断追求真理的独立学人的新形象为顾颉刚所接受。

约与顾颉刚发表《郑樵传》和《郑樵著述考》等文章同时稍后,受整理国故运动的影响,一位叫陈久志的作者,在《南开周刊》也发表了一篇名为《郑樵的治学方法》的论文,其引言称:"在中国各种学问中,号称极发达的史学界,很少人能把这位大史家——郑樵——的史学方法懂得,而且还加了一身的罪名,这究竟不能不算是中国的奇耻!自百年前的章学诚,也曾代他辨别,但赏识他的人,仍是'寥寥无几'。现在顾颉刚先生把他的著作表彰出来,并且为他作了一篇很详细的传,于是这位大学问家的事迹,我们方才完全晓得。我读了这两篇文章,觉的这位大史家的治学方法,在那时已有那样的勇敢,那样的精密,实在是可惊可敬了!"[1]这位陈久志撰写这篇以现代史学观念和立场阐释郑樵史学方法的文章,显示了顾颉刚的阐释对当时接受郑樵学术的影响。

---

[1] 陈久志:《郑樵的治学方法》,天津《南开周刊》第65期(1923年5月18日),第10页。

此后，随着整理国故活动的推进，当然还有北伐战争完成后，国民党主导的国家统一实现等政治因素的影响，此时的整个文化界，开始了在政治当局的主导下，从批判旧文化的革命文化，转向确立民族自信诉求下的对传统文化的再认识，于是，有关郑樵史学，也在这种"当代存在"的新氛围中获得新的接受和解读。

此时，就新史学来说，业已进入新的学科建设时期。表现于历史学科，一个方面是结合新旧、中西的"史学通论""史学概论"类著述大量出现，另一方面是总结传统史学的中国史学史著述逐渐面世。在这一轮学术流变中，世纪初的新史学，以及后来的整理国故运动所接受的郑樵形象，基本延续了下来，其学术地位依然崇高。不同的是，因接受的文化氛围，已从世纪初那种多少带有自虐性的文化批判，转向了对传统文化价值的发掘，故而对于郑樵的接受，较之先前，也就变得更强调其中的理论价值。如何炳松1928年出版的《通史新义》就是这样解读和接受郑樵的——"吾国史家之见及通史一体者，当仍首推刘知幾为树之风声，至郑樵而旗帜鲜明，而章学诚最能发扬光大"[1]。卢绍稷1930年出版的《史学概要》中显出所接受的郑樵形象，亦是——"已往之史学界，人才虽甚多，然可称为'史学家'者，则仅有刘知幾、郑樵、章学诚三人。盖惟三人著有'批评史学'之专书，始有史学通论述作史方法"[2]。这些都标志着20世纪前期的郑樵接受史，至此再次进入新阶段。

二、民族主义、西方在场与20世纪前期对郑樵的接受

检索20世纪前期的学术史，我们就会注意到，民族主义，以及所谓西方的在场（presence）构成的中西比较，是此时对郑樵的接受中，表现得相对一致的特点。

按所谓"民族主义"，本属于以自我民族利益为基础而进行的思想或运动，其表现出来的基本特征，乃

---

[1] 何炳松：《通史新义·自序》，刘寅生、房新亮编《何炳松文集》第四卷，北京：商务印书馆，1997年，第81页。

[2] 卢绍禹：《史学概要》，上海：商务印书馆，1930年，第57页。

是对于自身民族文化的肯定；而以西学为标尺建立的文化比较，其内在指向，却是对自身民族文化价值的否定，即与民族主义的指向正好相反。然而在20世纪前期，此二者，却矛盾地扭结到一起，在构成当时中国思想界的内在张力的同时，按照接受理论的术语，也构成了制约当时接受郑樵的"当代存在"[1]。

从郑樵学术的接受历史看，20世纪最初十年，也是上述梁启超《中国史叙论》《新史学》、邓实《史学通论》、马叙伦《中国无史辨》、盛俊《中国普通历史大家郑樵传》诸文发表之时，陈旧的科举虽已废除，但中国仍处在垂而未死的清朝政治统治之下。种种令人气短的国情国势，作为那时的"当代的存在"，在引起知识分子对民族前途的焦虑外，也同时影响到此时

---

[1] 构建接受理论的德国美学家姚斯指出："文学的历史性并不在于一种事后建立的'文学事实'的编组，而在于读者对文学作品的先在经验……一部文学作品，并不是一个自身独立、向每一个时代读者均提供同样的观点的客体。它不是一尊纪念碑，形而上学地展示其超时代的本质。它更多地像一部管弦乐谱，在其演奏中不断获得读者新的反响，使文本从词的物质形态中解放出来，成为一种当代的存在。"参见〔德〕姚斯等著，周宁、金元浦译：《接受美学与接受理论》，沈阳：辽宁人民出版社，1987年，第26页。按姚斯此论虽就文学史而言，但质而言之，历史文本的接受与解读，同样具有历史性。

第三章 20世纪前期新史学郑樵接受史之分析

阅读和接受郑樵的期待视野。同时,在被动洞开国门之时,国人也窥到了另一个史学文化世界,形成可参照比较的视界。中、西两个史学世界孰优孰劣?国势强弱的悬殊,此时是如此强烈地影响到对中西文化优劣的认知,致使即便是一些学术性的理解和解读,也在不自觉中笼罩上社会达尔文主义的民族悲情。此时的学者,对于中西两个史学世界的理解,事实上早已超出了单纯的学术范畴,在挟政治、军事优势而来的西方文化面前,一切学术问题,常常于不自觉之中,就被放到了各自背后所支持的文化之间,作出比较性的解读。在此"当代的存在"的语境中,无论是梁、邓二氏对于中国史学的批判,还是马、金二氏对于中国史学的辩护,其中的底色,亦无不涂抹有民族主义的爱恨情仇。

试以梁启超为例。梁启超在20世纪初虽然率先揭起"史界革命"旗帜,发起对中国旧史学的批判,但依其《新史学》所申:"于今日泰西通行诸学科中,为中国所固有者,惟史学。史学者,学问之最博大而最切要者也,国民之明镜也,爱国心之源泉也。今日欧洲民族主义所以发达,列国所以日进文明,史学之功居其半焉""今日欲提倡民族主义，使我四万万同胞强立于此优胜劣败之世界乎，则本国史学一科，实为无老，无男，无女，无智，无愚，无贤，无不肖所皆当从事，视之如渴饮饥食，一刻不容缓也。然遍览乙库中数十万卷之著述，其资格可以养吾所欲，给吾所求者，殆无一焉。呜呼，史界革命不起，则吾国遂不可救。悠悠万事，惟此为大"[1]，则其显然是从民族主义的高度，倡言史学的重要和史界革命的必要。至于站在维护传统史学之价值的立场，与梁启超批判主旨相对立的盛俊，相较梁启超的《新史学》，则表现出了更浓重的民族悲情。他的《郑樵传》，甚至在《通志》撰述的背景中寻绎出民族主义的共鸣——"郑樵之时代又黄族弱而外族强之时代也，腥膻臭气，弥漫神州，江左偷安，朝不保夕……而郑樵顾屏心息志，置身于史学界。何居？呜呼！吾知之，郑樵盖将以历史引起国民感情，造成国民品格而以定中兴之基础，埋独立

---

[1] 梁启超：《新史学》，《饮冰室合集·文集之九》，北京：中华书局，1989年版。

第三章 20世纪前期新史学郑樵接受史之分析

之命根"[1]。可见当时的一些学者,是如何将史学放置在民族存亡的维度作出价值判断的。可以说,20世纪之初,无论是对中国旧史学持批评态度者,还是对旧史学持维护态度者,其内心,无不纠结某种民族文化情结:既有国势不振背景下的反思与批判,又有对自己所浸润于斯的文化难以割舍的情感。在此情结之下,对于这些知识分子来说,要彻底地完全地否定中国文化,本能上就存在着心理的抗拒。于是这一代的知识分子,就深陷入列文森(Joseph Levenson)所谓"思想选择"的张力,即"理智上想与中国思想疏远,感情上又要认同中国思想,因为什么力量也改变不了他们的中国人身份,于是他们力图通过中西文化的调和而使中国的精神和西方的精神统一起来,尽管这种统一是表面上的"[2]。

事实也确实如此。例如,针对邓实"中国无史"说而撰述《中国无史辨》,竭力维护中国史学,并在

---

[1] 盛俊:《中国普通历史大家郑樵传》,《新民丛报》第42—43号合刊,第71页。
[2] 〔美〕约瑟夫·列文森著,郑大华等译:《儒教中国及其现代命运》,桂林:广西师范大学出版社,2009年,第64—65页。

此基础上解读郑樵史学的马叙伦,其实在刊发是文的前一个月,还在《新世界学报》第1期上,也发表过一篇与梁启超,甚至与邓实《史学通论》批判中国史学相类的文章,在称史学"为一国文明之所寄……固世界中第一完全不可缺之学矣"的同时[1],批评中国旧史"自嬴、刘私国,史非民有,暴君酷吏,接迹后世,而史氏之称颂,洋溢行间,不问贤与否也。史无公心,此污秽灭亡之史,不足观也"[2]。然而,当看到梁、邓等人真的要从根本上全面否定传统史学之时,又不禁站了出来,撰文竭力维护曰:"人之言曰'二十四史,非史也,二十四姓之家谱而已。於乎!吾将信其言之无诬而不疑乎?吾将集二十行省四百万万同胞而痛哭之,泪干而血继之。吾中国非国乎?何无史也?虽然,吾有疑乎其言,吾于是正告我同胞曰中国固有史!"[3]曰:"近载以来,举国谈士,交口倡新学,登山而呼,四陲皆闻,和者靡然,如涂涂附,然所谓新学者,不过崇拜西人,如乡曲愚夫妇之信佛说……诟旧学如寇

---

[1] 马叙伦:《史界总论》,上海《新世界学报》第1期,第33页。

[2] 马叙伦:《史界总论》,上海《新世界学报》第1期,第37页。

[3] 马叙伦:《中国无史辨》,《新世界学报》第5期,第39页。

第三章 20世纪前期新史学郑樵接受史之分析

仇,斥古书为陈腐,欣欣得意自以为他日中国之兴,皆若辈之功矣。然我论若是者,直杀我民之大蠹耳,亡吾国之蟊贼耳……吾政治、技艺皆不足取,然学术则有远过欧西者矣,我即举《史记》《通志》而论……中国之学术,何尝不及泰西?中国又何尝无史?"[1]

马叙伦的这番言论,既是其看待中国文化之理性与情感矛盾的显现,也是影响他接受郑樵的"前见"或"前理解"。至于那位号称金华盛俊的作者,其撰述《郑樵传》,也同样是缘于对梁启超、邓实之流,完全否定中国史学而"吾耻之,吾愤之"的民族情绪。试想,政治、军事等国势原已不如西人,而今视之本可与泰西科学有一拼的史学,竟亦被视为敝屣,其情又何以堪?民族感情刺激之下,于是就有了《郑樵传》之作,反梁氏之道而行之,以郑樵申中国史学之长。在盛俊看来,你梁启超不是认为与西方史学比较,中国史学只"能铺叙而不能别裁"、只"能因袭而不能创作"吗?那么我就举出郑樵为例,看看中国史学是不是如此不堪,如此一无是处,是不是仅仅是二十四家之"家谱"!

---

[1] 马叙伦:《中国无史辨(续)》,《新世界学报》第9期,第81—82页。

除了民族主义外，20世纪初在对中国旧史学的评判中，在接受、解读郑樵之时，还存在一个值得注意的现象，就是西方的"在场"。在当时西方话语占据全面强势的情势下，西方文化，已成为有关中国文化优劣的讨论难以摆脱的阴翳。即中国史学好也罢，劣也罢，似乎一切价值的评判，都是用西方观念衡量的结论：其认为"中国无史"者，是以西度中的结论；否定"中国无史"，为"中国无史辨"者，亦同样是以西度中，从旧史学中寻绎出与西方史学相类元素。例如早在1901年发表的《中国史叙论》，梁启超对中国史学的批判，就是以中西比较的方式提出的。文中梁启超说："史也者，记述人间过去之事实者也……以此论之，虽谓中国前者未尝有史，殆非为过。""法国名士波留氏尝著《俄国通志》，其言曰：俄罗斯无历史……故只有王公年代记，不有国民发达史，是俄国与西欧诸国所以异也云云。今吾中国之前史，正坐此患。""德国哲学家埃猛埒济氏曰：人间之发达凡有五相……今中国前史，以一书而备具此五德者，固渺不可见。即专

第三章 20世纪前期新史学郑樵接受史之分析

详一端者,亦几无之"云云[1]。

20世纪初这种评判中国史学的西方"在场",同样钤印在郑樵的接受史中——其中表彰郑樵者,是因为郑樵的史学中存有西方的史学因素;批判郑樵史学者,亦是因为郑樵史学中有着不符合西方史学的因素。于是在郑樵的接受史中,一个来自西方的新的史学文化,就这样规定了此时学界,对包括郑樵在内的整个中国旧史学接受的期待视野,先在地影响了对包括郑樵在内的中国史学、史家的接受及对其价值之好坏的评判。

试先看一下在批判中国史学中首先涉及郑樵的梁启超。

对于20世纪率先在系统论述中国史学时提及郑樵的梁启超,只要阅读他的相关论述,就会感受到这种西方的在场,感受到其先在横亘于胸的西方标尺。在梁启超看来,西方史学之所以优越,是因为它重在历史的论述而不是史实的叙述。照此标准或尺度,梁启超认为,郑樵史学之优是其"《通志·二十略》以论

---

[1] 梁启超:《中国史叙论·史之界说》,《饮冰室合集·文集》之六,北京:中华书局,1989年,第1页。

断为主,以记述为辅",其弊则是《通志》纪传,因其"十之七八,填塞全书,支床叠屋,为大体玷"[1]。这也就是说,对西方史学的"认识"与"理解",先在地决定了梁启超对郑樵史学优劣两方面的接受与解读。

与否定中国史学的梁启超对郑樵接受中之西方"在场"相类,肯定中国史学的马叙伦、盛俊等,在对郑樵的接受中,也同样有一把西方标尺先在地横亘于胸。如马叙伦《中国无史辨》所谓"吾政治、技艺皆不足取,然学术则有远过欧西者矣,我即举《史记》《通志》而论……中国之学术,何尝不及泰西?中国又何尝无史?"撰《郑樵传》的盛俊,亦以中西比较的视域称:"泰西科学以十数,而为中国历史彪炳几千年者,惟有史学。泰西之史学又以十数,而中国学术上师承几千年者……"称:"吾读《通志》,吾以读西史之眼光读《通志》,吾滋愧——愧郑樵无泰西史家左右世界之能力也;吾读《通志》,吾以读旧史之眼光读《通志》,吾滋豪——豪郑樵际幼稚之史学界而能巍然放光明也……吾于是不得不权衡泰西历史学之名称,三

---

[1] 梁启超:《新史学》,《饮冰室合集·文集》之九,北京:中华书局,1989年,第7页。

第三章 20世纪前期新史学郑樵接受史之分析

熏三沐，敬谨上徽号于我夹漈先生曰：中国普通历史大家。"[1] 其中盛俊称喻郑樵是"中国普通历史大家"的依据，也是以与西方史学比较的立场得出的结论。至于后来在20世纪20年代初新文化运动中突起的顾颉刚，虽在《郑樵传》中没有提及什么"西方"，但其文章中不时出现的"中国"怎样怎样的叙述模式，说明其背后依旧存在着一个"西方"的参照，而这个潜在的西方的"在场"，在成为评价思想学术的新的标准的同时，也直接影响到对于郑樵的解读和接受。

三、"科学"与20世纪初对郑樵史学的接受

为什么从"当世，直到清代的中叶"，"一向担负了不良的声望"的郑樵[2]，在20世纪初却一下"暴得大名"，被学人于中国众多的史家中特拎出来，不仅未如其他旧史家一样遭到新史学倡导者的诟病，还被推崇为与司马迁并立的中国最伟大史家？个中原因，就

---

[1] 盛俊：《中国普通历史大家郑樵传》，《新民丛报》第42—43号合刊，第69—70页。
[2] 顾颉刚：《郑樵传》，《国学季刊》第1卷第2期，第309页。

是当时的新史学论者,在解读郑樵学术及时,从中寻绎到了与西方类似的"科学"。在这时,"科学"也是新史学的倡导者接受郑樵的基本视点。

约瑟夫·列文森在《儒教中国及其现代命运》中,曾经指出中国近代知识分子理性与情感之间的紧张。他说:"民族主义的兴起对中国思想家提出了两项无法调和的要求:他既应对中国的过去怀有特殊的同情,但同时又必须以一种客观的批判态度反省中国的过去。能满足这两项要求的最合适的方法,就是将西方和中国所能提供的精华结合起来……"[1]那么具体以什么"将西方和中国所能提供的精华结合起来"呢?在20世纪前期中国学人普遍存在的"西方=现代=科学的想象"中,"科学"显然是一个很好的结合点。"在近代中国思想史上,没有什么比那种骄傲地在中国历史上找西方科学技术的先例的作法更陈腐。当然,中国思想家们发现这是一种特别便利的方法,它既承认某些西方价值的权威——当他们认为必要时——而同

---

[1] 〔美〕约瑟夫·列文森著,郑大华等译:《儒教中国及其现代命运》,桂林:广西师范大学出版社,2009年,第90页。

第三章　20世纪前期新史学郑樵接受史之分析

时又不需因此责备中国历史。"[1]列文森这里所论，虽是以倭仁为代表的清末保守派的心态，而事实上，这也可以说是近代以来国人的普遍心态。于是，在这样的心态支配下，所谓的"科学"，也就理所当然地成了20世纪前期学人衡量旧史学的标尺，成了当时解读和接受郑樵的标尺。关于这一点，是完全可以从以下有关郑樵史学的论述中得到梳理和论证。

从以上两节的论述可知，在对中国旧史学的认识上，20世纪前期存在肯定和否定两种观点。在否定的一方中，梁启超是率先发声者，也是持否定观点者的代表，其所概括的旧史学的"四弊""二病"，基本皆为后来者，如邓实等学者所继承[2]。但是当涉及郑樵史学之时，梁的评价却明显表现出了两面：否定郑樵《通志》的纪传部分，肯定《通志》的《二十略》。其中梁启超之所以肯定郑樵史学，是因为《二十略》有着符

---

[1] 〔美〕约瑟夫·列文森著，郑大华等译：《儒教中国及其现代命运》，第61页。

[2] 如1902年第17期《政艺通报》发表的署名"樵隐"的《论中国亟宜编辑民史以开民智》；1902年第19号《新民丛报》转载的《私史》一文；1903年第1期《湖北学生界》发表的刘成禺的《史学广义内篇》等，皆沿袭梁启超《新史学》的观点。

合西方"科学"史学的旨趣和内容。这里，梁启超以"科学"解读郑樵史学的这一点，也恰好与那些对旧史学持肯定态度的学者相一致，即也同样绕开《通志》的纪传部分不置臧否，而专举《通志·二十略》为旧史学有"科学"精神的论据。如马叙伦《中国无史辨》虽举郑樵为"自汉迄今千有余年，有与马迁上下映辉者"，称"吾观欧洲文化之进步，而知司马迁、郑樵之学必显，而《史记》《通志》之必伸矣"[1]，但其所举《通志》而论之内容，亦主要围绕《二十略》展开，于纪传则明显论述不足。

如果说由于马叙伦《中国无史辨》的旨趣并不专在申郑，故而其以近世西方"科学"立场解读郑樵史学的表现不很突出，但从其特表彰《通志》"其精在《二十略》"，称其"《天文略》开推步之源，《昆虫略》申物理之精，则又今日泰西哲学之先声"之论看[2]，仍可看出其以"科学"评骘郑樵史学之取向的端倪。

其以近世西方"科学"立场解读和接受郑樵史学，表现得最明显的莫过于那位撰写《中国普通历史大家

---

[1] 马叙伦：《中国无史辨》，《新世界学报》第5期，第40—41页。
[2] 马叙伦：《中国无史辨》，《新世界学报》第9期，第82页。

第三章 20世纪前期新史学郑樵接受史之分析

郑樵传》的盛俊了。这是因为盛俊撰文的旨趣，本就是要通过分析郑樵的史学，揭橥中国旧史学中自有符合近世西方的"科学"。按照盛俊文所说："吾何敢武断郑樵之历史为完全无缺之历史？然吾人所习闻所惯读之二百卷《通志》中，业已含有十余种之杂史质以成一家言。吾于是不得不权衡泰西历史之名称，三熏三沐，敬谨上徽号于我夹漈先生曰'中国普通历史大家'。"[1]

那么，盛俊是怎样通过西方近世"科学"史学的标尺，或"读西史之眼光"，接受和解读郑樵史学的呢？

首先，盛俊以近世西方方兴的以整个社会为研究对象的"科学"史学观念，解读和接受郑樵的史学。盛俊称郑樵是"中国普通历史大家"，也就是认为郑樵是具有近世西方"科学"精神的史家。这里所谓的"普通史"，显然是从西语 universal history 翻译而来。universal history，虽然通常被翻译为'通史'，但其实际与中文"通史"强调的时间纵贯之通并不一致，universal history 强调的是对历史进行整体横向的考察，

---

[1] 盛俊：《中国普通历史大家郑樵传》，《新民丛报》第42—43号合刊，第69—70页。

是"叙述一国民一社会生存之图案"的史学,也是西方近世倡导的"科学"的史学[1]。盛俊认为,中国旧史中,"正史而外,则有编年、政书两种。编年之法,温公创之,政书之例,君卿作之,然质言之,则皆详于朝廷,略于社会者也",独"郑樵既富有国史之思想"。而若以此"科学"的 universal history 标准度量,则"今郑樵历史,凡一切种族上之生存,文学上之生存,天文地理上之生存,宗教风俗物产上之生存,以迄政治上、人物上,对于外界上之生存,粲然罗列"[2],足以当"科学"的"普通之号"。于是,按照西方"universal history"的"科学"意识,盛俊对郑樵的史学做出了跃出传统思想框架的解读,使郑樵的史学呈现了众多的符合"科学"的表现。

按照盛俊的理解,郑樵史学的种种"科学"表现,莫过于其所提倡的"会通"精神。盛俊说:"'百川异趋,必会于海,然后九州无浸淫之患;万国殊涂,必通诸夏,

---

[1] 关于西方语境下的 universal history 与中国语境下的"通史"的区别,可参见刘家和《关于通史》,收录氏著《史学、经学与思想》,北京:北京师范大学出版社,2005年版,第90—103页。

[2] 盛俊:《中国普通历史大家郑樵传》,《新民丛报》第42—43号合刊,第69—70页。

第三章 20世纪前期新史学郑樵接受史之分析

然后八荒无壅滞之忧。'此郑樵之有取于会通也。'古者记事之史谓之志',此郑樵之有取于志也。盖即西人所谓大法公例。郑樵自命其书为'通志',故欲胪列事物,各著其实,而会通其所以然之理,判断以大法公例矣。然作通史者有二要素:一'典志'以发明社会进化衰微之原理,一'纪传'以载记人物事状之实迹。二者比较,则典志为尤要焉。郑樵之注意于典志,而简略于纪传,此物此志也。"[1]

为说明郑樵的史学,与"发明社会进化衰微之原理"的"西人所谓大法公例"的旨趣相通,盛俊亦将《通志》的"内容比例,以新史学,揭为一表"[2]。此表迻录如下:

---

[1] 盛俊:《中国普通历史大家郑樵传》,《新民丛报》第42—43号合刊,第73—74页。
[2] 盛俊:《中国普通历史大家郑樵传》,《新民丛报》第42—43号合刊,第74—75页。

郑樵学术接受史之分析

《通志》所有	新史学所有
年谱	年表
氏族略	种族史
六书七音略	文字史
天文灾祥略	天文史
地理都邑略	地理史
礼略	宗教史、野史（即风俗史）
谥略	无
器服略	美术史
乐、艺文、校雠、图谱、金石略	文学史
职官、选举、刑法略	宪法史
食货略	财政史
昆虫草木略	物产史
本纪世家列传载记	人物史
四夷传	外交史

除以上表说明郑樵史学的"科学"性外，盛俊还依照对西方"科学"史学精神的理解，对于郑樵《通志》中他所认为符合西方"科学"的内容一一作出解读阐释。如在民族方面认为："郑樵者，知有人种，归纳范围之史学家也"，是"知有人种直叙之史学家也"，是"知有民族主义之史学家也"。在语言文字学方面认为：

第三章 20世纪前期新史学郑樵接受史之分析

"文字者所以考人种上之源流也。郑樵首叙种族,次及文字,既具特识",故"据此以观,则郑樵者有世界心之历史家,而亦有宗教心之历史家也","又破坏而能建设之历史家也"。在天文学方面认为:"郑樵之言,非有理科之学识,以实验其妄诞,推测其原因也。""郑樵者,固中国之哥白尼也。"在地理学方面,引述孟德斯鸠、黑格尔等近代西方哲人有关地理之于历史影响的论述,称:"郑樵虽不足与于斯,亦非无所见者",其"明地势""爱国家",乃其"科学"意识之体现。在音乐方面认为:"音乐者,感情教育而振醒国魂淘刷末俗之要素也",而"郑樵者慨然于史家失职,音乐沦亡,而亭亭然崛起于正统久绝之余,以为孔子以后音乐改良家之第二大家也"。在物产方面认为:"物产者社会上生活之要素也,泰西地理学历史学家,罔不以为研究一大宗子……而物产为社会历史也","于是郑樵起矣……苦心耐性,以视欧美格物大家,夫何多让!"盛俊认为:"历史家之优劣,不在记述而在议论。盖记述者历史上之材料,材料所同也。议论者历史家之精神,精神所独也。"[1]而盛俊揭示的郑樵史学的这些"独断"之论,所要说明的,也正是郑樵史学中所具有的"科学"性。

对于郑樵史学的接受和解读,到了高擎科学、民主旗帜的新文化运动之时,所谓"科学"得到进一步的强调。此时的顾颉刚之所以大力表彰郑樵,其中一个重要原因,也是认为郑樵史学具有"科学",即:"郑樵的学问、著作,综括一句,是富于科学的精神。"那么郑樵富于怎样的"科学"精神?顾颉刚是这样说的:

> 郑樵的学问、著作,综括一句,是富于科学的精神。他最恨的是"空言著书",所以他自己做学问一切要实验,他为了考古,就到四方游历。他为了做动植物之学,就"与田夫野老往来,与夜鹤晓猿杂处",他要晓得一切事物的实状,所以把民族分成三十二类,书籍分成四百二十二类,字书里把所有文字都分配到七音。他一方面做分析,一方面就去"综合"起来:他所做的是每一

---

[1] 详见盛俊《中国普通历史大家郑樵传》第74—90页。

第三章　20世纪前期新史学郑樵接受史之分析

类里必有一部书是笼罩全体的，结末做的《通志》就是他一生学问的综合。他觉得学问是必须"会通"的，所有各家各派的不能相通的疆界，都应该打破。[1]

从上述顾颉刚所云，郑樵"科学"精神最基本的体现，就是注重实验。除了上述所引《郑樵著述考》外，顾颉刚在其《郑樵传》中也指出："从前学者"，"总是说的道德和政治"，"总是章句的训解"就是"不肯在实物留心"，"所以科学不发达"，而"郑樵是最恨这一类的空话"。他"在谨守典型又欠缺征实观念的中国学界，真是特殊异样的人物"，其"才气岂是书本上的学问限制得他的"，"因为他有了这一副实验的精神，所以他最恨的是'空言著书'"[2]；"他要打破职业上文人与工人的阻隔，以为凡是做一种学问，都要亲自去认识，不能专靠在书本上"[3]。惟因如此认识，郑樵无论是在研究昆虫草木情性的治学内容上，还是在与田夫野老

---

[1] 顾颉刚：《郑樵著述考》，《国学季刊》第1卷第1期（1923年），第96页。
[2] 顾颉刚：《郑樵传》，《国学季刊》第1卷第2期，第314页。
[3] 顾颉刚：《郑樵传》，《国学季刊》第1卷第2期，第318页。

相往来重视实地考察方面，在顾颉刚的解读中，都成了郑樵"科学"精神的体现。

除注重实验外，从上述引文还可以看出，综合分析性的"会通"，也是顾颉刚解读出的郑樵的"科学"精神。"会通"本是郑樵治学所强调的重要观念和研究方法，而顾颉刚则通过"科学"透镜，也从中看到了符合西方"科学"精神的"分析"与"综合"。这个解读，顾颉刚在《郑樵传》中这样说："中国的社会和学术界看各种行业，各种学问，甚至于各种书籍，差不多都是独立的，可以各不相谋，所以不能互相辅助以求进步。这种界限，郑樵是极端反对的。"如是，郑樵对书籍的"部伍之法""核实之法"等，这些注意分类与综合的"会通"思想，在顾颉刚看来，也就无一不成为郑樵"极明的科学观念"[1]。

当然，为揭起疑古大旗的顾颉刚所最激赏的郑樵的"科学"精神，还是郑樵大胆怀疑的疑古思想。顾颉刚疑古思想的提出，本来就受郑樵疑古思想的启发，因而顾颉刚解读的郑樵，也就有了这样的"科学"形

---

[1] 顾颉刚:《郑樵传》,《国学季刊》第1卷第2期，第319页。

第三章　20世纪前期新史学郑樵接受史之分析

象:"他的心思里,只有通盘筹算的学问,只有归纳事实而成的学问,但没有'天经地义''专己守残'的经书和注疏。他只看得书籍是学问由以表现的东西,而不是学问由已出发的东西。所以凭你是古书,他表现的不对,就得做'正误'的功夫;他表现的不尽量,也得做'补阙'的功夫。""绝没有古书神圣不可侵犯的观念",而"这种观念,在现在稍有科学思想的人看来,固然平平无奇,但在从前的学界,实在是卓绝的见解"。甚至"全部的中国史里没有像他的真确,做得勇敢的人"[1]。

总之,在顾颉刚的眼中,郑樵"他为学的宗旨,一不愿做哲学,二不愿做文学,他实在想建设科学",是一个远高于古代其他史家的、富有"科学"精神的史学家[2]。此后,以顾颉刚的学术影响,后来人大多沿袭了这些对于郑樵的解读,郑樵以一富有"科学"精神的史家形象为人所接受。例如在《南开周刊》发表《郑樵的治学方法》的陈久志,便是按照顾颉刚的分析,将郑樵"他治学的方法",总结为(1)怀疑

---

[1] 顾颉刚:《郑樵传》,《国学季刊》第1卷第2期,第317页。
[2] 顾颉刚:《郑樵传》,《国学季刊》第1卷第2期,第318页。

的态度;(2)实验的功夫;(3)系统的整理等"三步功夫"[1]。可见所谓"科学",始终是20世纪学人接受郑樵的要素。

从20世纪初新史学对郑樵接受的历史分析,可以得出与现在一般想象不太一样的认识。按照近代一般史学史叙述的事实,是随着中国史学近代化的展开,中国史学随即全面转向被视为科学现代的西方史学而与传统史学决裂。然而揆之郑樵的接受史,事实上中国史学的近代化是沿着两条途径展开:一条是直接引进西方"科学史学"观念并将其付诸学术实践;一条是按照西方"科学史学"观念,对中国传统资源进行新的再解读,而郑樵便是最早被以近代化观念解读的传统史家之一。

---

[1] 陈久志:《郑樵的治学方法》,《南开周刊》第66期(1923年6月1日),第4页。

主要参考文献

[1] 〔德〕H.R.姚斯、〔美〕R.C.霍拉德著,周宁、金元浦译:《接受美学与接受理论》,沈阳:辽宁人民出版社,1987年。

[2] 〔德〕H.G.加达默尔著,洪汉鼎译:《真理与方法》,上海:上海译文出版社,2004年。

[3] 郑樵:《通志》,杭州:浙江古籍出版社影印《十通》合刊本,1988年。

[4] 郑樵:《夹漈遗稿》,北京:中华书局,丛书集成初编本,1985年。

[5] 吴怀祺:《郑樵研究》,厦门:厦门大学出版社,2010年。